Abel Airoboman

Análise Dinâmica e Modelação da Rede do Sistema Elétrico Nigeriano

Abel Airoboman

Análise Dinâmica e Modelação da Rede do Sistema Elétrico Nigeriano

ScienciaScripts

Imprint

Cover image: www.ingimage.com

This book is a translation from the original published under ISBN 978-3-659-85609-9.

Publisher:
Sciencia Scripts
is a trademark of
Dodo Books Indian Ocean Ltd. and OmniScriptum S.R.L publishing group

120 High Road, East Finchley, London, N2 9ED, United Kingdom
Str. Armeneasca 28/1, office 1, Chisinau MD-2012, Republic of Moldova, Europe
Managing Directors: Ieva Konstantinova, Victoria Ursu
info@omniscriptum.com

Printed at: see last page
ISBN: 978-620-8-56740-8

Índice:

DEDICAÇÃO

Este livro é dedicado a Deus Todo-Poderoso, o Autor e Consumador da nossa Fé, e também a todos aqueles que se dedicam à resolução de problemas de engenharia eléctrica.

RECONHECIMENTO

Utilizo este meio para agradecer à minha adorável esposa, a Sra. Patience Airoboman, ao meu filho Ferdinand Airoboman, ao meu irmão, o Rev. P. Raphael Airoboman (SDB), aos meus pais, aos meus irmãos, aos meus colegas e a todos os que me apoiaram para tornar este livro uma realidade.

CAPÍTULO 1

1.0 INTRODUÇÃO

Em países em desenvolvimento como a Nigéria, o colapso do sistema é um grande desafio para a nossa rede de transmissão, porque a nossa rede de transmissão, que está inteiramente concentrada na parte sul do país, é muito frágil devido à longa distância que temos de transportar a eletricidade para que seja distribuída uniformemente pelos consumidores em todas as regiões do país. Além disso, algumas destas linhas são de natureza crítica e destinam-se a transportar cargas pesadas.

As razões para o colapso do sistema também podem ser atribuídas a vários outros factores, nomeadamente: disparo anormal de linhas de transmissão, sistema de proteção defeituoso, sistema de inércia fraco, regulador defeituoso, sistema de rede radial, incidente natural, vandalização, erro humano, entre outros.

Para que o fornecimento de energia na Nigéria seja eficaz e fiável, todas estas anomalias têm de ser controladas, caso contrário o nosso fornecimento de energia continuará a deteriorar-se em termos de qualidade e quantidade.

Este trabalho de investigação estuda as causas do colapso do sistema em resultado de falhas ao longo das linhas de transmissão Benin-Onitsha-Alaoji 330KV. Estas são as linhas críticas que temos na nossa frágil rede. As linhas são consideradas críticas e, como tal, não há nível de redundância no circuito simples, ao contrário da linha de transmissão de circuitos duplos que tem um nível de redundância, de modo que se um circuito simples (metade do circuito duplo falhar, a outra metade continua intacta).

1.1 AIM

O objetivo deste trabalho de investigação é investigar as causas do colapso do sistema no que respeita às linhas de transmissão Benin-Onitsha-Alaoji 330KV.

1.2 OBJECTIVOS

Os objectivos deste trabalho de investigação são:

1. Determinar os parâmetros da linha
2. Investigar a estabilidade em estado estacionário da rede (Simulação)
3. Investigar a estabilidade dinâmica da rede (Simulação)
4. Análise dos dados disponíveis e, por conseguinte, projeção das possibilidades de futuros colapsos do sistema ao longo das linhas de transmissão Benin-Onitsha-Alaoji 330kv
5. Oferecer soluções para melhorar a estabilidade do sistema

1.3 MATERIAIS E MÉTODOS

1. Recolha de dados sobre o colapso da tensão no Centro Nacional de Controlo, Oshogbo, Estado de Osun, para os anos de 2007, 2009 e 2010.
2. A visão geral e a análise dos dados disponíveis sobre o colapso do sistema da linha de transmissão Benin- Onitsha Alaoji 330KV.
3. Análise sequencial da rede
4. Utilização de um programa informático para a análise de redes

CAPÍTULO 2

2.1 SISTEMAS DE ENERGIA ELÉCTRICA

A distribuição de energia numa rede de uma empresa de serviços públicos é um processo completo que envolve várias centrais eléctricas, linhas de transporte e subestações, como mostra a figura 2.1

De acordo com (Oyetunji 2011), a energia eléctrica é gerada normalmente entre 11-16 KV numa central eléctrica e transmitida a longa distância nos níveis HV/EHV/ conforme necessário para reduzir as perdas, alimentando-a no sistema de transmissão de interconexão que é normalmente designado por rede. A rede é ligada aos centros de carga através de linhas de transmissão radiais de 132KV e de uma rede de subtransmissão de linhas normalmente de 33KV. A alta tensão (HV) de 33KV é reduzida para baixa tensão (LV) de 0,415KV para utilização da carga.

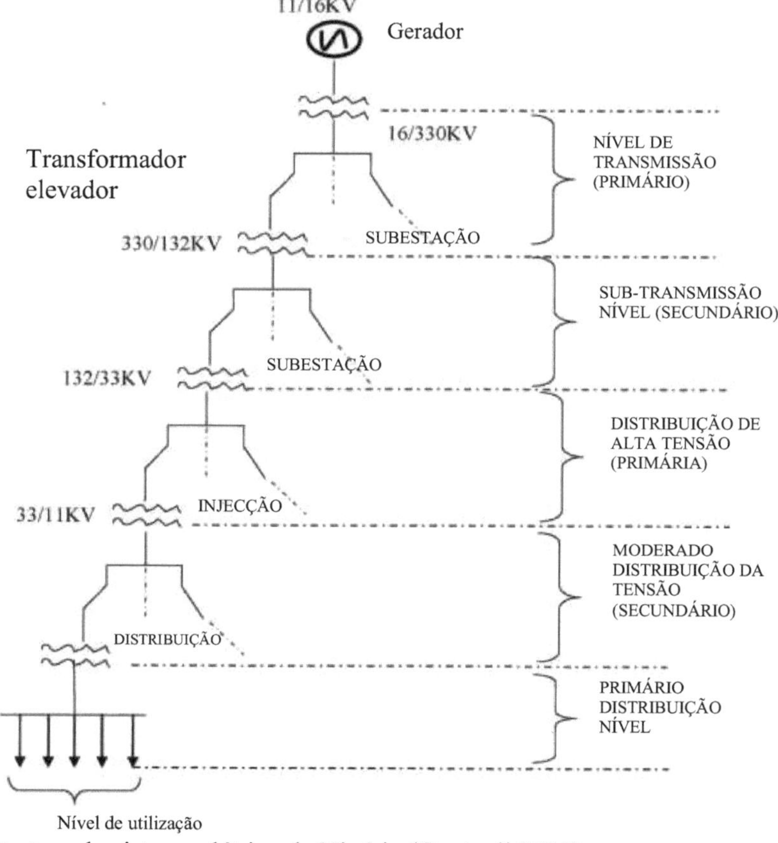

Fig 2.1 Estrutura do sistema elétrico da Nigéria (Oyetunji 2011)

2.2 SITUAÇÃO DO FORNECIMENTO DE ELECTRICIDADE NA NIGÉRIA

O fornecimento de eletricidade em qualquer país é uma função de vários factores, tais como a quantidade de energia depositada nesse país, o nível de tecnologia de produção de eletricidade associado às capacidades disponíveis e efectivas, o quadro institucional para a produção de eletricidade e a eficiência operacional do quadro institucional.

A Nigéria é conhecida como um armazém de energia primária, com recursos como o carvão, a lenhite, o gás natural, o petróleo bruto, a energia solar hídrica, a energia nuclear, a energia geotérmica, a maré, o biogás, etc. Mas, apesar da vastidão destes recursos, apenas quatro fontes (carvão, petróleo bruto, gás natural e hidroelétrica) estão a ser utilizadas atualmente.

É de notar que a fonte de energia primária é superior às necessidades domésticas, pelo que a Nigéria não deve ser confrontada com uma produção e fornecimento inadequados de eletricidade.

Ironicamente, o programa de fornecimento de eletricidade continua a expandir-se no país sem que a rede de transporte acompanhe o ritmo. Além disso, muitos equipamentos, máquinas e outras instalações associadas à produção de eletricidade funcionaram durante vários anos para além do seu tempo de vida normal sem manutenção, assistência e reabilitação adequadas e regulares.

A produção de eletricidade na Nigéria tem lugar sob uma elevada proporção de capacidades de produção inoperacionais e de linhas de transmissão sobrecarregadas e sobrecarregadas. A estes problemas juntam-se as insuficiências hidrológicas nas centrais hidroeléctricas, em particular durante a estação seca, e a vandalização do equipamento elétrico, o que, segundo (Ekeh 2003), resultou em

1. Tensão muito baixa
2. Faltas de eletricidade com uma frequência alarmante
3. Prática de consumo ilegal de eletricidade

Tendo em conta o que precede, é evidente que a quantidade de eletricidade produzida/gerada não reflecte verdadeiramente o potencial de produção de energia do país.

2.3 PRODUÇÃO DE ENERGIA ELÉCTRICA

A energia eléctrica é um bem manufaturado como o vestuário, o mobiliário ou as ferramentas. Tal como o fabrico de uma mercadoria envolve a conversão de matérias-primas, disponíveis na natureza, na forma desejada, do mesmo modo a energia eléctrica é produzida a partir das formas de energia disponíveis na natureza. No entanto, a energia eléctrica difere num aspeto importante. Enquanto as outras mercadorias podem ser produzidas à vontade e consumidas à medida das necessidades, a energia eléctrica deve ser produzida e transmitida ao ponto de utilização no momento em que é necessária. Todo este processo demora apenas uma fração de segundo. Esta produção instantânea de energia eléctrica introduz considerações técnicas e económicas únicas no sector da energia eléctrica.

A energia está disponível em várias formas a partir de diferentes fontes naturais, como a pressão da água, a energia química dos combustíveis, a energia nuclear das substâncias radioactivas, etc. Todas estas formas de energia podem ser convertidas em energia eléctrica através da utilização de um dispositivo adequado, como mostra a figura 2.2

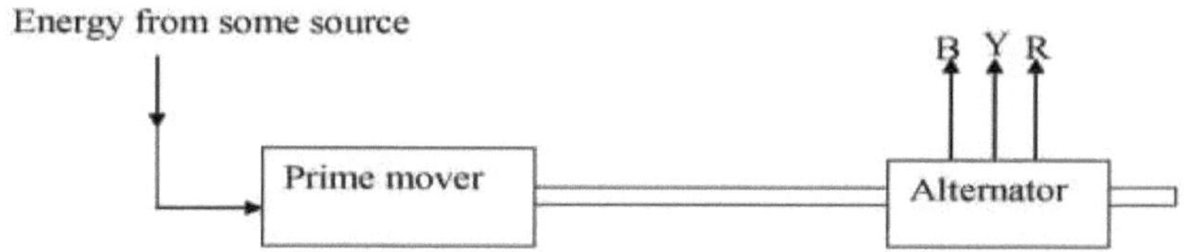

Fig 2.2 Representações simples entre a potência gerada e a fonte de energia (Ekeh 2003)

O dispositivo utiliza essencialmente um alternador acoplado a um motor principal. O motor principal é acionado pela energia obtida de várias fontes, como a queima de combustível, a pressão da água, a força do vento, etc. Por exemplo, a energia química de um combustível (por exemplo, carvão) pode ser utilizada para produzir vapor a alta temperatura e pressão. O vapor é alimentado a um movimento principal que pode ser uma máquina a vapor ou uma turbina a vapor. A turbina converte a energia térmica do vapor em energia mecânica que é depois convertida em energia eléctrica pelo alternador. Do mesmo modo, outras formas de energia podem ser convertidas em energia eléctrica utilizando máquinas e equipamentos adequados.

QUADRO 2.1 RESUMO DAS CAPACIDADES DE PRODUÇÃO DA PHCN CENTRAIS ELÉCTRICAS EXPLORADAS NO ANO DE 2010 JANEIRO - DEZEMBRO. Fonte (N.C.C. Oshogbo 2010)

PODER ESTAÇÕES	FACTOR DE DISPONIBILIDADE (MW)	DISPONIBILIDADE MÉDIA (MW)	CAPACIDADE INSTALADA (MW)
KAINJI	0.54	412.55	760.00
JEBBA	0.75	413.83	578.40
SHIRORO	0.65	390.21	600.00
EGBIN	0.62	819.55	1320.00
AJAOKUTA	0.00	0.00	110.00
A.E.S GÁS	0.69	208.20	302.00
SAPELE (STEAM)	0.17	125.17	702.00
OKPAI (GÁS)	0.92	441.57	480.00
AFAM (I-V) GÁS	0.04	21.56	516.00
AFAM (VI) GÁS	0.67	435.64	650.00

DELTA (GÁS)	0.38	342.95	900.00
GEREGU	0.50	208.69	414.00
OMOKU GT	0.53	80.18	150.00
OMOTOSHO	0.36	118.93	335.00
TRANS AMADI	0.33	32.63	335.00
IBOM	0.53	82.89	155.00
OLORUNSOGO	0.18	60.13	355.00
TOTAL	0.50	4212.70	8425.40

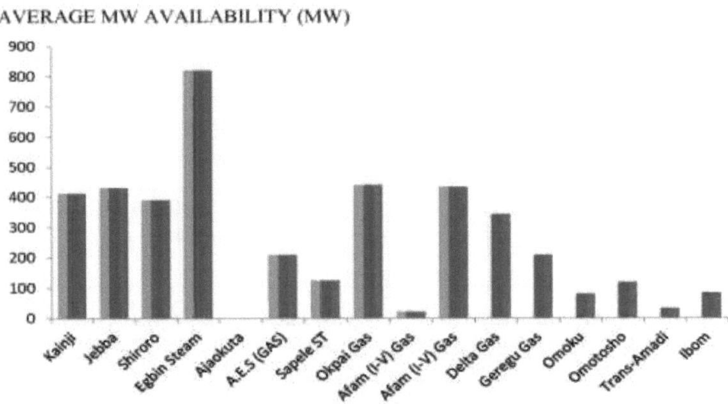

Fig 2.3 Gráfico da disponibilidade média de MW das centrais eléctricas. fonte N.C.C Oshogbo (2010)

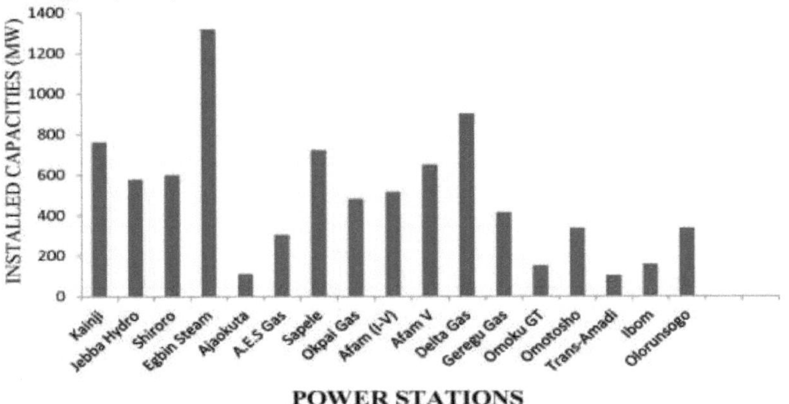

Fig 2.4 Gráfico das capacidades instaladas das centrais eléctricas fonte. N.C.C Oshogbo (2010)

Fig 2.5 Vista pictórica da linha de transmissão de circuito duplo de 330kv da Nigéria.

Fonte (Onohaebi e Odiase 2010)

2.3.1 ORDENAÇÃO DE GERAÇÃO E DISTRIBUIÇÃO DE CARGA (N.C.C Oshogbo 2010)

Em 2010, foi criada uma rede integrada que reúne a produção das centrais hidroeléctricas de Kainji, Jebba e Shiroro e das centrais térmicas de Egbin, Delta (1-v) Afam, Afam VI, Sapele, AES, Okpai, Omotosho, Omoku, Geregu, Olorunsogo, Trans-Amadi e Ibom.

Havia um abastecimento adequado (da Companhia de Gás da Nigéria) e água suficiente nos três lagos, mas sem uma disponibilidade proporcional de máquinas. Esta situação impediu a realização óptima da capacidade de produção hidro-térmica prevista.

Durante o funcionamento, são enviados sinais de potência de referência mais altos e mais baixos para os reguladores de turbina das unidades controladas com conversor de frequência de potência incorporado. No caso da Nigéria, na maioria das vezes, este critério de controlo não pode ser alcançado devido à sua disponibilidade muito baixa de unidades geradoras, o que influencia a curva de carga diária da área e representa a procura total de carga das diferentes áreas de carga.

2.4 CONTROLO DE FREQUÊNCIA EM 2010

Devido à produção inadequada, a rede foi operada fora da política de controlo de frequência de 50Hz± 0.50% i.e. 49.75Hz a 50.25Hz, resultando em excursões de frequência fora dos limites operacionais.

A maior parte das turbinas a gás da rede funcionava em modo de controlo da temperatura. Por conseguinte, eram frequentemente insensíveis aos caprichos da frequência do sistema.

Alguns dos relés de subfrequência instalados em algumas estações, que tinham evitado colapsos do sistema em várias ocasiões, também não estavam funcionais. Assim, a técnica de controlo manual da frequência, carateristicamente extenuante, conseguida através de cortes de carga, definiu as operações ao longo do ano de 2010 (N.C.C Oshogbo 2010)

Quadro 2.2 Quadro do controlo de frequência em 2010 fonte (N.C.C Oshogbo 2010)

LISTA NÃO	ATRIBUIÇÃO	FREQUÊNCIA (Hz)
1	LIMITE LEGAL SUPERIOR	50.50
2	LIMITE OPERACIONAL SUPERIOR	50.20
3	FREQUÊNCIA NORMAL	50.00
4	LIMITE OPERACIONAL INFERIOR	49.80
5	LIMITE LEGAL INFERIOR	49.50
6	TRÊS FASES SOB FREQUÊNCIA	OPERAÇÃO DE CARGA 1 49,80HZ 2 49,50HZ 3 49,20HZ

2.5 CONTROLO DA TENSÃO

Em 2010, a política de controlo da tensão de 330KV
(± 5%) nos barramentos de 330KV foi alcançado em grande parte no limite superior de tensão.

O limite inferior de tensão foi frequentemente violado, especialmente no eixo norte da rede, onde o controlo da tensão tem sido bastante difícil devido à inadequação dos dispositivos de compensação.

2.6 FUNCIONAMENTO DO SISTEMA

As frequências de funcionamento do sistema na investigação são as indicadas. Cada nação, com base nos méritos e deméritos próprios das frequências, decide qual a frequência de funcionamento do seu sistema de fornecimento de energia. A frequência de funcionamento, 50Hz para a produção, transmissão e distribuição de energia eléctrica na Nigéria, é escolhida em vez de 60Hz porque as linhas de transmissão do sistema, os geradores e os transformadores têm reatâncias mais pequenas e não provocam a cintilação das lâmpadas incandescentes. A PHCN, o único operador de energia eléctrica na Nigéria, opera um sistema interligado e o centro de controlo central, em Oshogbo, monitoriza a informação, incluindo a frequência da área, as saídas das unidades geradoras e os fluxos de energia de uma linha de ligação para as áreas interligadas. Informações como a frequência são usadas pelo controlador automatizado de carga-frequência (LFC) para manter a frequência da área no seu valor programado e o fluxo líquido de energia da linha de ligação para fora desta área é cada vez mais difícil, se não impossível, distinguir os modos individuais de controlo. No entanto, independentemente dos vários modos que possam estar presentes, torna-se relativamente simples determinar se a constante integral é finita ou infinita. Para um valor infinito, a ação integral predomina e não há erro de estado estacionário devido à variação da perturbação externa. Para um valor finito, o sistema comporta-se como um sistema de controlo proporcional. Como o sistema responde perfeitamente a desvios na procura de potência, estão envolvidos os três tipos de modos de controlo.

2.6.1 EFEITO DOS PARÂMETROS DE QUALIDADE DO SISTEMA CONTROLO DA TENSÃO TERMINAL DO GERADOR, DA CARGA E DA FREQUÊNCIA

A operação de máquinas síncronas acopladas ao motor principal como uma unidade é conhecida como gerador. A aplicação da lei de Faraday sobre a indução electromagnética produz uma força eletromotriz que conduz a tensão de saída dada por (Igbinovia e Omodamwen 2009);

$$E_{max} = 4.44 f \phi_{max} T (volts) \quad (2.1)$$

$$= 4.44 (K_d)(K_c) F B_{max} A T \sin\theta \, (volts) \quad (2.2)$$

T = Voltas em série na bobina/Fase
A = Área de cada volta (m^2)
n = Velocidade das rotações em rotações / segundos
f = Frequência (Hz)
ϕ_{max} = Fluxo máximo sinusoidal distribuído no espaço de ar da máquina / pólo (webers)
B_{max} = Densidade máxima do fluxo (Tesla)
Kdkc = Constante de distribuição do enrolamento

Esta tensão terminal pode ser controlada de acordo com as necessidades da carga. Na prática, os excitadores de alto ganho e de resposta rápida proporcionam um grande aumento rápido da tensão de campo durante os curtos-circuitos nos terminais do gerador, a fim de melhorar a estabilidade transitória após a eliminação da falha. Esta frequência do gerador é normalmente um sinal de controlo adequado para regular a potência mecânica de saída da turbina. As flutuações de carga provocam quedas de tensão no sistema, pelo que a relação de frequência em estado estacionário para o controlo do gerador da turbina é (Igbinovia e Omodamwen 2009)

$$\Delta P_M = \Delta P_{ref} - \frac{1}{R}\Delta F \quad (2.3)$$

Enquanto o controlo de frequência da área é dado por;

$$ACE = (P_{tie} - P_{tie\ scheduled}) + B_f(f - 50) \quad (2.4)$$

A alteração da regulação da potência de referência AP_{ref} de cada regulador de turbina a funcionar em regime LFC é

$$\Delta P_{ref} = -K_i \int (ACE)dt \quad (2.5)$$

Onde

Δf = Alteração da frequência ou erro de frequência em estado estacionário

ΔP_{ref} = Alteração da regulação da potência de referência, que é zero durante o funcionamento normal

ΔP_m = Variação da potência mecânica de saída da turbina

R = Constante de regulação

Bf = Constante de polarização de frequência para a área interligada

Ki = Ganho do integrador

2.6.2 OBJECTIVO DO CONTROLO DA FREQUÊNCIA DE CARGA (Igbinovia e Omodamwen 2009)

- Após uma alteração de carga, cada área deve ajudar a repor o erro de frequência em estado estacionário a zero
- Cada zona deve manter o fluxo líquido de eletricidade da linha de ligação para fora das zonas na sua redução programada, para que as zonas possam absorver as suas próprias variações de carga
- No funcionamento em estado estacionário, ambos os objectivos da área LFC são satisfeitos quando ACE é zero em todas as áreas e tanto o empate AP como AF são zero

2.7 LINHAS DE TRANSMISSÃO

As considerações importantes no projeto e funcionamento de uma linha de transmissão são a determinação da queda de tensão, das perdas na linha e da eficiência da transmissão. Estes valores são grandemente influenciados pelas constantes de linha R, L e C da linha de transmissão. Por exemplo, a queda de tensão na linha depende dos valores das três constantes de linha acima referidas.

Do mesmo modo, a resistência do condutor da linha de transmissão é a causa mais importante da perda de potência na linha e determina a eficiência da transmissão.

2.7.1 CLASSIFICAÇÃO DAS LINHAS DE TRANSMISSÃO AÉREAS

Uma linha de transmissão tem três constantes R, L e C distribuídas uniformemente ao longo de todo o comprimento da linha. A resistência e a indutância formam a impedância em série. A capacitância existente entre os condutores numa linha monofásica ou entre um condutor e o neutro numa linha trifásica forma um caminho de derivação ao longo de todo o comprimento da linha. Por conseguinte, os efeitos da capacitância introduzem complicações nos cálculos das linhas de transmissão. Dependendo da forma como a capacitância é tida em conta, as linhas de transmissão aéreas são classificadas como

2.7.2 LINHAS DE TRANSMISSÃO CURTAS: Quando o comprimento de uma linha de transmissão aérea é de até 50km e a tensão da linha é comparativamente baixa (<20KV), ela é geralmente considerada como uma linha de transmissão curta. Devido ao menor comprimento e à menor tensão, os efeitos de capacitância são pequenos e, por conseguinte, podem ser negligenciados. Por conseguinte, ao estudar o desempenho de uma linha de transmissão curta, apenas são tidas em conta a resistência e a indutância da linha.

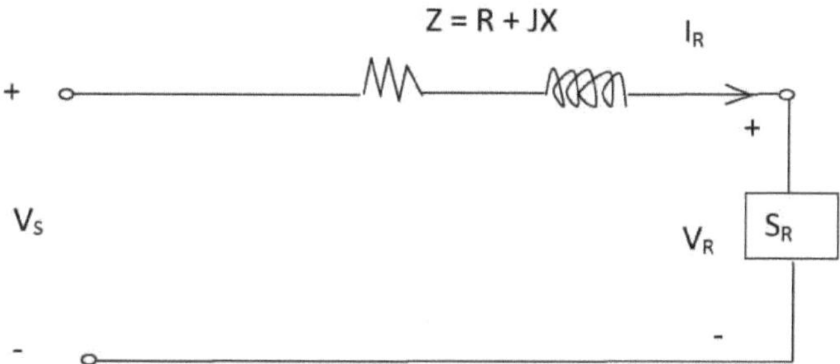

Fig 2.6 Modelo de linha curta Saadat (2006)

Se uma carga trifásica com potência aparente SR(3$) for conectada no final da linha de transmissão, a corrente no extremo recetor é obtida por:

$$I_R = \frac{S_{R(3\emptyset)}}{3V_R} \qquad (2.6)$$

A tensão de fase na extremidade emissora é

$$V_S = V_R + ZI_R \qquad (2.7)$$

E como a capacitância shunt é desprezada, a corrente do lado emissor e do lado recetor são iguais, ou seja

$$I_S = I_R \qquad (2.8)$$

2.7.3 LINHAS DE TRANSPORTE MÉDIAS: Quando o comprimento de uma linha aérea é de cerca de 50-150km e a tensão da linha é moderadamente elevada (>20KV<100KV), é considerada uma linha de transmissão média. Devido ao comprimento e tensão suficientes da linha, a capacitância da linha é dividida

Z = Impedância da linha
IS = Corrente final de envio
IR = Corrente do extremo recetor
IL = Corrente de linha
VS = Tensão final de envio
VR = Tensão do terminal de receção

2.7.4 LINHAS DE TRANSMISSÃO LONGAS: Quando o comprimento de uma linha de transmissão aérea é superior a 150km e a tensão da linha é muito elevada (>1000KV), é considerada uma linha de transmissão longa. Para o tratamento deste tipo de linha, as constantes da linha são consideradas uniformemente distribuídas ao longo de todo o comprimento da linha e é empregue um método rigoroso para a solução.

Pode sublinhar-se aqui que a solução exacta de qualquer linha de transmissão deve ter em conta o facto de as constantes de linha não serem fixas, mas distribuídas uniformemente ao longo do comprimento da linha. No entanto, pode obter-se uma precisão razoável considerando estas constantes como concentradas para linhas de transmissão curtas e médias.

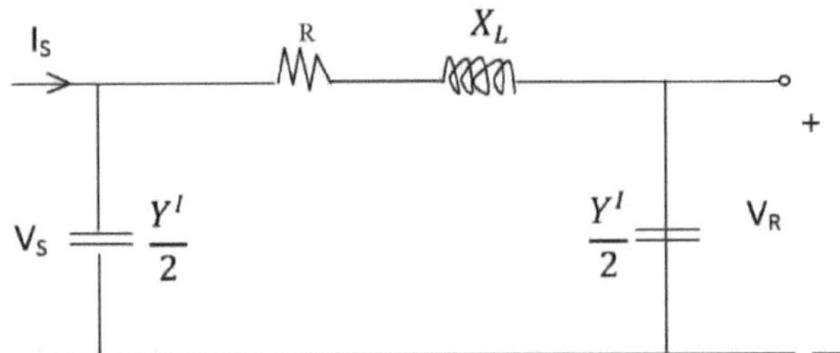

Fig 2.8 Modelo equivalente n para uma linha de comprimento longo Saadat (2006) e concentrado sob a forma de condensadores manobrados ao longo da linha num ou mais pontos.

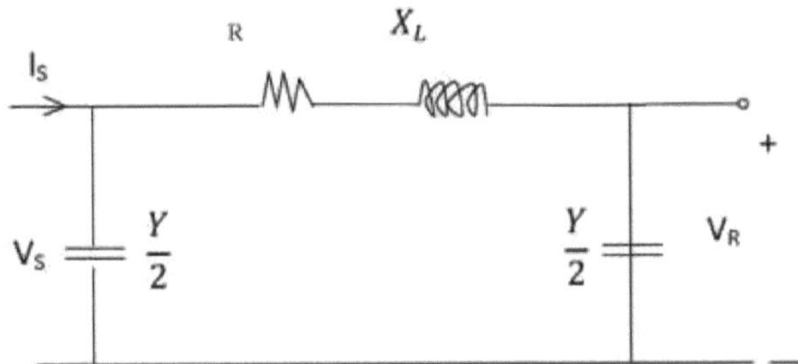

Fig 2.7 Modelo n nominal para linha de comprimento médio Saadat (2006) A partir da KCL, a corrente na impedância série designada por I_L é

$$I_L = I_R + \frac{YV_R}{2} \qquad (2.9)$$

A partir de KVL, a tensão da extremidade emissora é

$$V_S = ZI_R \qquad (2.10)$$

Substituindo I_L na equação

$$V_S = \left(I + \frac{ZY}{2}\right) V_R + ZI_R \qquad (2.11)$$

A corrente da extremidade de envio é:

$$I_S = I_L + \frac{YV_S}{2} \qquad (2.12)$$

Substituindo por

$$I_S = Y\left(I + \frac{ZY}{4}\right)V_R + \left(I + \frac{ZY}{2}\right)I_R \quad (2.13)$$

Onde:

Y = Admitância da linha

Em geral,

$$I_S = \frac{1}{Z_C}\sin h_\gamma L V_R + \cos h_\gamma L I_R \quad (2.14)$$

$$V_S = \cos h_\gamma L V_R + Z_e \sin h_\gamma L I_R \quad (2.15)$$

$$Z_C = \frac{\sqrt{Z}}{y} \quad (2.16)$$

onde:

Zc = impendência caraterística (ohms)
y = constante de propagação
L = comprimento (km)
Sinh & cosh = funções hiperbólicas
VS = tensão final de envio
IS = corrente do extremo emissor
VR = tensão do terminal de receção
IR = corrente do extremo recetor

2.7.5 CAPACIDADE MÁXIMA DE POTÊNCIA DAS LINHAS DE TRANSPORTE

A tensão de uma linha de transmissão deve manter-se tão constante quanto possível, mesmo em condições de carga variáveis. A medida da variação da tensão entre a extremidade emissora e a extremidade recetora da linha é designada por regulação da tensão.

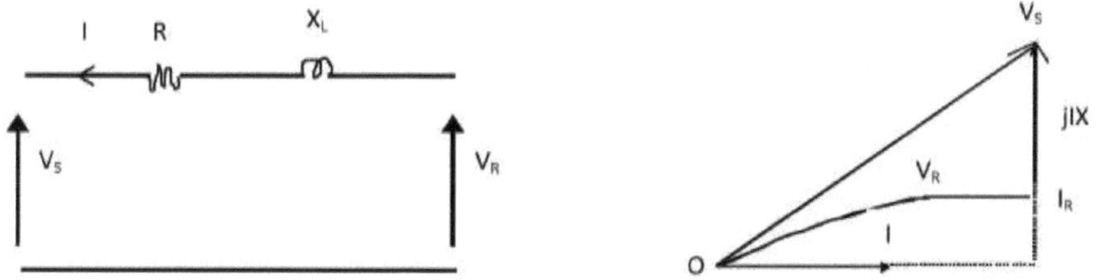

Fig 2.9 Equivalente de uma linha e diagrama fasorial. Ekeh (2003)

$$V_R = \frac{V_R V_S \cos(\beta - \partial)}{Z} - \frac{R V_R^2}{Z^2} \quad \textbf{(2.17)}$$

Esta é a potência em estado estacionário que pode ser transmitida numa linha curta. Para potência máxima, P = 6, e assim

$$P_R = \frac{V_R V_S}{\sqrt{R^2+X^2}} - \frac{RV_R^2}{R^2+X^2} \quad (2.18)$$

A equação 2.18 dá a potência máxima em estado estacionário que pode ser transmitida através da linha. Para obter o rácio X/R de modo a que a potência máxima seja transmitida através da linha, procede-se do seguinte modo

$$\frac{dP_{R(max)}}{dx} = 0 \quad (2.19)$$

Thus, $\left[\frac{V_S}{V_R}\right](R^2 + X^2) = 4R^2$ (2.20)

E como para uma linha curta, $V_s = V_{R>}$ temos,

$$\frac{X}{R} = \sqrt{3} \quad (2.21)$$

Assim, a potência máxima é transmitida através de uma linha em estado estacionário, quando o rácio entre a reactância indutiva, X, e a resistência, R, é \3 Ekeh (2003). Na linha de transmissão, a reactância indutiva é normalmente superior à resistência. Se R = 0, então a equação 2.18 pode ser expressa como:

$$P_{max} = \frac{V_R V_S}{X}\sin\partial \quad (2.22)$$

A equação 2.22 mostra que a potência ativa transmitida é função do ângulo de fase da tensão entre a extremidade emissora e a extremidade recetora. Note-se que a potência aumenta progressivamente e atinge um valor máximo de VR VS /X quando o ângulo de fase é 90^0. Embora ainda possamos transmitir potência quando o ângulo de fase excede 90^0, evitamos esta condição porque ela corresponde a um modo de operação instável.

VR = Tensão no extremo de receção
VS = Tensão na extremidade de envio
R = Resistência
X = reactância indutiva

Sin ∂ = Diferença de fase entre a tensão

De acordo com Onohaebi e Omodamwen (2010), a impedância da linha de transmissão Benin- Onitsha 330kv é 0,0049+j0,0419, enquanto a impedância da linha Onitsha-Alaoji 330kv é 0,0049+j0,0416. Considerando a rede Benin-Onitsha-Alaoji, a impedância da linha dará 0,0098+j0,0835. Assim, quando a reactância é dividida pela resistência, a potência máxima que pode ser transmitida ao longo da linha passa a ser 8,52 em vez de 1,732. A partir deste valor, (8,25), pode deduzir-se que esta rede de interesse está efetivamente sobrecarregada.

Assim, é forçada a transferir mais potência do que aquela que pode transportar e este cenário conduz, na maioria das vezes, a um colapso da tensão.

2.7.6 REGULAÇÃO DA TENSÃO DA LINHA DE TRANSPORTE

Quando uma linha de transmissão está a transportar corrente, há uma queda de tensão na linha devido à resistência e à indutância da linha. O resultado é que a tensão de receção (Vr) da linha é geralmente menor do que a tensão de envio (Vs). Esta queda de tensão (VS-VR) na linha é expressa como uma percentagem da tensão de receção e da tensão VR e é designada por regulação da tensão.

$$\% \text{ Voltage Regulation} = \frac{V_S - V_R}{V_R} \times 100 \qquad (2.23)$$

Obviamente, é desejável que a regulação de tensão de uma linha de transmissão seja baixa, ou seja, o aumento da corrente de carga deve fazer uma diferença muito pequena na tensão da extremidade recetora.

2.7.7 EFICIÊNCIA DA TRANSMISSÃO

A potência obtida na extremidade recetora de uma linha de transmissão é geralmente inferior à potência da extremidade emissora devido a perdas na resistência da linha. O rácio entre a potência de receção e a potência de emissão da linha de transmissão é conhecido como a eficiência de transmissão da linha, ou

$$\% \text{ Transmission Efficiency}, = \frac{Receiving\ end\ Power}{sending\ end\ power} \times 100 \qquad (2.24)$$

$$= \frac{V_R I_R Cos\emptyset_R}{V_S I_S Cos\emptyset s} X100 \qquad (2.25)$$

VR, IR e Cos 0R são a tensão de receção, a corrente e o fator de potência, enquanto Vs, Is e Cos 0s são os valores correspondentes na extremidade de envio

2.7.8 LINHA DE TRANSPORTE DE 330KV DA NIGÉRIA

A rede de transporte de 330KV da Nigéria é caracterizada por elevadas perdas de energia devido às linhas de transporte muito longas. Algumas destas linhas incluem Benin-Ikeja West (280km), Oshogbo-Benin (251km), Oshogbo-Jebba (249km), Jebba-Shiroro (244km), Birnin Kebbi-Kainji (310km), Jos-Gombe (265km), Kaduna-Kano (230-km). Também pode haver perda de energia ao longo da linha de transmissão média Benin-Onitsha (137 km), Onitsha-Alaoji (138 km).Ekeh (2003). É também de notar que Benin-Onitsha-Alaoji são as linhas críticas que temos na nossa rede porque são constituídas por um circuito único.

Estas linhas registam tensões elevadas em condições de carga ligeira e tensões muito baixas em condições de carga elevada. A atual rede da Nigéria tem apenas um sistema de circuito principal que envolve Benin-Ikeja West-Ayede-Oshogbo-Benin.

Assim, é imperativo determinar as perdas de potência associadas a diferentes distâncias e cargas, o que ajudará a prescrever os comprimentos máximos para várias gamas de carga, com vista a minimizar as elevadas perdas de potência, especialmente nas linhas críticas, evitando assim o colapso do sistema ao longo destas linhas.

Geralmente, as perdas de energia resultam numa fraca disponibilidade de energia para os consumidores, levando a uma energia inadequada para o funcionamento do aparelho. Assim, a elevada eficiência do sistema elétrico é determinada por estas baixas perdas de energia. O aumento da procura de energia eléctrica leva as redes de transporte e distribuição de energia aos seus limites máximos e, para além disso, resulta na redução do tempo de vida da rede total ou no seu colapso total. Para manter um bom sistema de fornecimento de energia eléctrica, as perdas de energia devem ser mínimas. Para manter um bom sistema de abastecimento de energia eléctrica, as perdas de energia devem ser mínimas. A potência produzida será reduzida, o que conduzirá a um melhor desempenho, a uma vida útil mais longa e garantirá a adequação do sistema. Deve notar-se que quanto mais perdas ocorrerem ao longo da linha de transmissão, maior será o custo de funcionamento do sistema de energia eléctrica, pelo que estas perdas devem ser controladas a fim de aumentar a disponibilidade, a fiabilidade e a segurança do sistema e, assim, evitá-las. Colapso ao longo da linha.

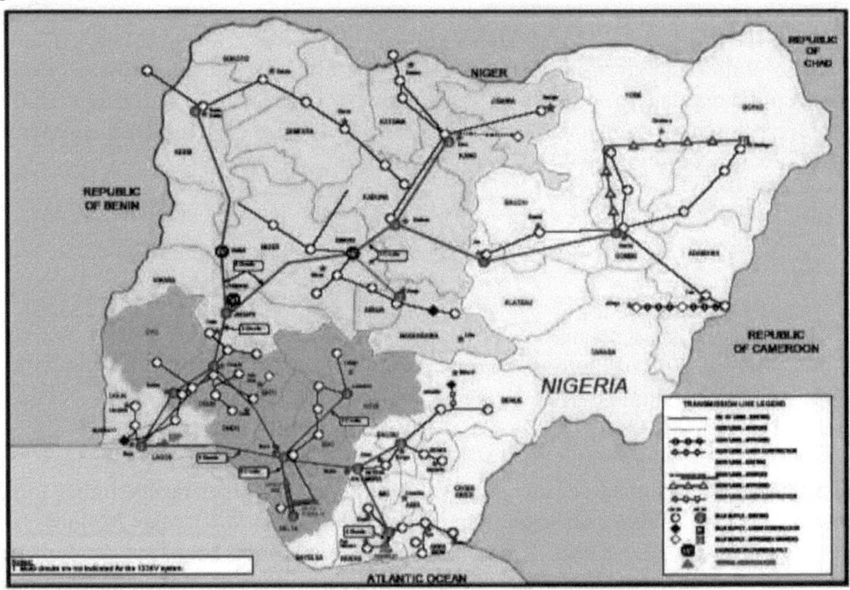

Fig 2.10 MAPA DA NIGÉRIA MOSTRANDO AS LINHAS DE TRANSMISSÃO DE 330KV E 132KV (Fonte: Onohaebi e Odiase 2010)

2.8 PERDAS DE POTÊNCIA EM SISTEMAS ELÉCTRICOS

As perdas nos geradores e nos transformadores determinam a eficácia da máquina e, por conseguinte, fixam a potência nominal ou a potência de saída que pode ser obtida sem reduzir a vida útil do equipamento por sobreaquecimento. Estas perdas podem ser eléctricas ou magnéticas, tais como perdas no cobre, perdas por correntes de Foucault e por histerese, perdas por excitação, perdas por fricção e por enrolamento, etc. As perdas totais dependem de vários factores, como a frequência, a densidade de fluxo, a espessura e a qualidade das laminações.

As perdas técnicas incluem componentes evitáveis e inevitáveis e são causadas pela dissipação de energia nos condutores e equipamentos utilizados para a transmissão e distribuição de energia. A magnitude da dissipação de energia ou

A componente inevitável das perdas técnicas depende em grande medida da configuração do sistema, do padrão de carregamento da linha de transporte e das linhas de distribuição, da magnitude e dos tipos de carga, das caraterísticas dos equipamentos, etc. A componente evitável deve-se a linhas de sub-transmissão e de distribuição fracas e inadequadas e a uma compensação reactiva inadequada no sistema. Embora a componente inevitável seja inevitável, a componente evitável pode ser minimizada através de uma melhor conceção das redes de transmissão/distribuição, da utilização de níveis de tensão mais elevados sempre que possível, da relocalização de transformadores, da disponibilização de condensadores, da utilização de equipamento de maior eficiência, etc. No entanto, devido a investimentos inadequados na transmissão e distribuição, em obras e na eletrificação rural, o sistema de transmissão está a deteriorar-se e o efeito das medidas de melhoria do sistema, embora tomadas, está a ser anulado devido ao aumento das cargas.

As perdas que ocorrem em todos os condutores são de três tipos: Perdas no cobre, perdas dieléctricas e perdas por indução/radiação. As perdas no cobre são as perdas 1^2R que são inerentes a todos os condutores devido à resistência finita dos condutores. Nas linhas de transmissão, a resistência em série é responsável pelas perdas óhmicas (1^2R). As perdas resultam em calor devido à resistência do fio e podem ser dadas como (Onohaebi e Odiase 2010)

$$P_{loss} = I^2 R_{line} = \frac{(P^2 + Q^2)R}{r^2}. \quad (2.26)$$

P = Potência real

Q = Potência reactiva

R = Resistência

V = Tensão

I = Corrente

Assim, para uma dada quantidade de potência transmitida, as perdas de potência variam inversamente com o quadrado da tensão e diretamente com a resistência da linha. A potência que pode ser transmitida para uma dada regulação de tensão é proporcional a $\frac{V^2}{Z}$ onde:

V = Tensão de linha

Z = impedância da linha e é proporcional ao comprimento da linha

$$V^2 \propto PL = KPL \quad (2.27)$$

$$\text{Thus, } V = K\sqrt{PL} \quad (2.28)$$

K = Coeficiente que depende do tipo de linha e da tensão admissível. Os valores típicos de K variam entre 0,1 para linhas não compensadas e 0,6 para linhas compensadas.

Da equação acima, pode deduzir-se que;

$$k = \frac{V}{\sqrt{PL}} \quad (2.29)$$

Assim,

$$k = \frac{330{,}000}{\sqrt{(8.25\times10^{-6})(0.0098+j0.0835)}}$$

$$k = 1.16$$

Assim, pode concluir-se que o valor de K para a linha de transporte Benin-Onithsa-Alaoji é de 1,16. Este valor tende a ficar fora do intervalo, não graças à potência máxima transferida que se pode dizer que contribuiu para esta anomalia.

1.1.1 DEFEITOS ASSOCIADOS ÀS LINHAS DE TRANSPORTE

Nos sistemas de transmissão ocorrem vários tipos de avarias. Estes podem ser curto-circuitos ou circuitos abertos. Os curto-circuitos ocorrem nos sistemas eléctricos quando o isolamento do equipamento falha devido à sobretensão do sistema causada por raios ou picos de comutação, contaminação do isolamento ou outras causas mecânicas (Onohaebi 2007). Os defeitos de curto-circuito podem ser várias ordens de grandeza superiores às correntes normais de funcionamento e, se persistirem, podem causar danos térmicos no equipamento. Se as falhas de curto-circuito não forem interrompidas prontamente, podem ocorrer incêndios eléctricos e explosões.

Nos circuitos trifásicos, a frequência de ocorrência de defeitos de curto-circuito é da ordem dos defeitos trifásicos simples linha-terra, linha-linha, linha dupla-terra e trifásicos equilibrados. O trajeto do defeito pode ter impedância nula (curto-circuito engarrafado) ou impedância diferente de zero. Os vários tipos de defeitos são apresentados acima:

DEFEITO DA LINHA À TERRA

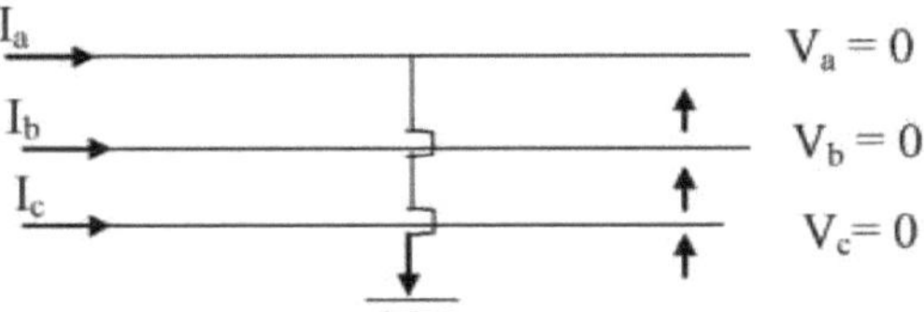

Fig. 2.11: Defeito entre a linha e a terra. Evbogbai (2007)

DEFEITO LINHA A LINHA

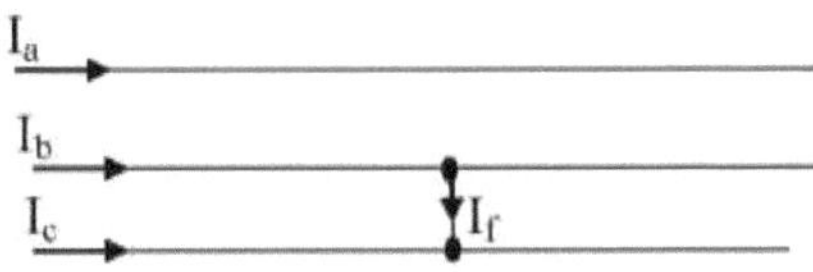

Fig. 2.12: Defeito de linha a linha. Evbogbai (2007)

DEFEITO ENTRE LINHA E LINHA E TERRA

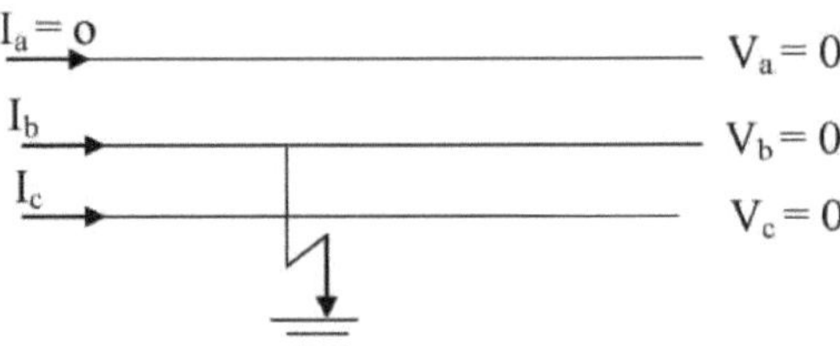

Fig 2.13: Defeito entre linha e linha e terra. Evbogbai (2007)

2.9 ESTABILIDADE DO SISTEMA ELÉCTRICO

A tendência de um sistema elétrico para regressar ao seu estado original, mantendo o sincronismo e o equilíbrio após a ocorrência de uma perturbação no sistema, é designada por estabilidade do sistema elétrico.

A carga do sistema pode mudar gradual ou subitamente. As alterações súbitas de carga podem dever-se a operações de comutação rápidas ou a falhas súbitas seguidas de disparo de linhas, disjuntor ou carga. Se o sistema se comportará bem ou não e continuará a fornecer a carga e a manter os vários
As máquinas síncronas em degrau sob várias condições são um estudo por si só e são conhecidas como estabilidade do sistema.

2.9.1 ESTABILIDADE EM ESTADO ESTACIONÁRIO

Um sistema elétrico tem estabilidade em estado estacionário se, após pequenas perturbações lentas, conseguir recuperar e manter a velocidade síncrona. A pequena perturbação lenta significa variações ou alterações normais da carga. O limite de estabilidade em estado estacionário é o fluxo máximo possível de potência, sem perda de estabilidade, quando há uma alteração lenta de potência.

2.9.2 VANTAGENS DE GARANTIR A ESTABILIDADE DO ESTADO ESTACIONÁRIO

A estabilidade do estado estacionário garante que

1. A tensão do barramento está próxima da tensão nominal
2. O ângulo de fase entre as linhas de transmissão não é demasiado grande
3. Os geradores, transformadores, barramentos, comutadores e disjuntores não estão sobrecarregados

2.9.3 ESTABILIDADE TRANSITÓRIA

Este é determinado tendo em conta os efeitos do momento de inércia das partes móveis das máquinas, do funcionamento do regulador, dos reguladores de tensão e do desempenho da instalação em condições transitórias. Em condições transitórias, há uma tendência para a máquina síncrona oscilar em torno do deslocamento angular relativo. O fenómeno de instabilidade transitória é muito rápido e ocorre no espaço de um segundo ou numa fração deste para um gerador próximo do local da perturbação. A ação do regulador de tensão e dos reguladores de turbina não é incluída nos estudos de estabilidade transitória porque estes dispositivos são demasiado lentos para atuar durante este intervalo. No entanto, se as oscilações do rotor forem grandes, o regulador e o regulador podem reagir.

2.9.4 ESTABILIDADE DINÂMICA

O estudo da estabilidade na presença de pequenas perturbações constitui o que é conhecido como estabilidade estática ou análise de estabilidade dinâmica. O modelo matemático para este estudo é um conjunto de equações diferenciais lineares invariantes no tempo.

A estabilidade dinâmica é, por vezes, referida a estes casos de estabilidade transitória quando o regulador e o regulador actuam rapidamente e são tidos em conta na análise. Nos estudos de estabilidade dinâmica, o sistema é analisado durante um período de 4 a 10 segundos (Gupta 2008), na sequência de uma grande perturbação, como um curto-circuito, uma perda de produção ou uma perda de carga. De acordo com (Saadat 2006), a estabilidade dinâmica diz respeito a pequenas perturbações que se prolongam no tempo com a inclusão de dispositivos de controlo automático

2.9.5 FORMAS DE AUMENTAR A ESTABILIDADE DO SISTEMA DE ENERGIA (Evbogbai 2007)

1. Ao conceber o regulador para acompanhar de perto a carga nas máquinas
2. Concebendo os sistemas de excitação de modo a proporcionar uma regulação estreita da tensão em condições transitórias
3. Ao conceber os regulamentos de tensão para uma ação rápida com um tempo reduzido
   constante
4. Fazendo com que o excitador, os relés e os reguladores actuem em primeiro lugar
5. Tornando a linha e o aparelho terminal mais rígidos (ou seja, não reagindo rapidamente a mudanças bruscas).
6. Ao incluir compensadores síncronos no sistema

2.10 O SISTEMA DE REDE DA NIGÉRIA

Na Nigéria, todas as principais centrais de produção estão ligadas por linhas de transporte de 300KV. Os centros de carga (nacionais, regionais e centros de controlo de área) também estão ligados entre si e às estações de produção através das linhas de 330KV. Esta interligação é normalmente designada por sistema de rede. As vantagens da utilização do sistema de rede vão desde o controlo da frequência até à aprovação de interrupções, para mencionar apenas algumas.

A partir das estações de transmissão, localizadas nos centros regionais/zonas, a energia é transmitida para a capital do Estado e outros grandes centros urbanos. A energia transmitida pelas linhas de 300KV é do tipo circuito simples ou duplo, apoiada em torres de aço (pilones). A torre da linha de transmissão deve estar sempre solidamente ligada ao solo. Isto permite a descarga da corrente eléctrica para o solo quando um raio atinge a linha.

Neste país, as tensões de transmissão são de 132KV e 330KV e a frequência de transmissão é de 50Hz. É utilizado o sistema de corrente alternada.

Fig 2.14 Torre da linha de transmissão de circuito simples de 330kv utilizada na rede da Nigéria. Fonte Onohaebi (2007)

2.11 COLAPSO DO SISTEMA

A PHCN está estatutariamente mandatada para desenvolver, operar e manter um sistema fiável e eficiente de fornecimento de eletricidade em toda a Nigéria, a todo o momento.

O colapso do sistema é a perda de sincronização dos componentes do sistema de rede, ou seja, das unidades ligadas à barra nas diferentes centrais eléctricas geradoras. O colapso do sistema pode também provocar o disparo de uma ou mais linhas de transmissão, resultando na escuridão de algumas zonas ou de todas as zonas da rede.

2.11.1 CAUSAS DO COLAPSO DO SISTEMA

As principais causas do colapso do sistema podem ser agrupadas em causas técnicas e não técnicas

i. AS CAUSAS TÉCNICAS

- **DISPAROS ANORMAIS NAS LINHAS DE TRANSPORTE**

Uma das principais causas do colapso do sistema é o disparo anormal das linhas de transmissão, que provoca um pico no sistema com a consequente oscilação de potência. As forças de tensão e a frequência flutuam e podem ser superiores aos valores definidos pelas centrais eléctricas. A proteção dos geradores é activada quando a frequência é mais elevada, provocando o disparo dos geradores em caso de inversão de potência e abrindo também as linhas de transmissão de saída. A perda de algumas unidades pode causar perda de sincronização, resultando no colapso do sistema.

- **SISTEMA DE PROTECÇÃO DEFEITUOSO**

O tempo de eliminação total é normalmente acelerado pelo sistema de teleprotecção, que assegura que as zonas em falta sejam isoladas pelos disjuntores. A não eliminação do defeito em tempo útil, na maioria dos casos após um segundo, provocará o arrastamento do sistema, pelo que o gerador alimentará continuamente o defeito e perderá o sincronismo, forçando assim o comando à distância e a proteção a isolar a secção em falta, provocando o colapso do sistema.

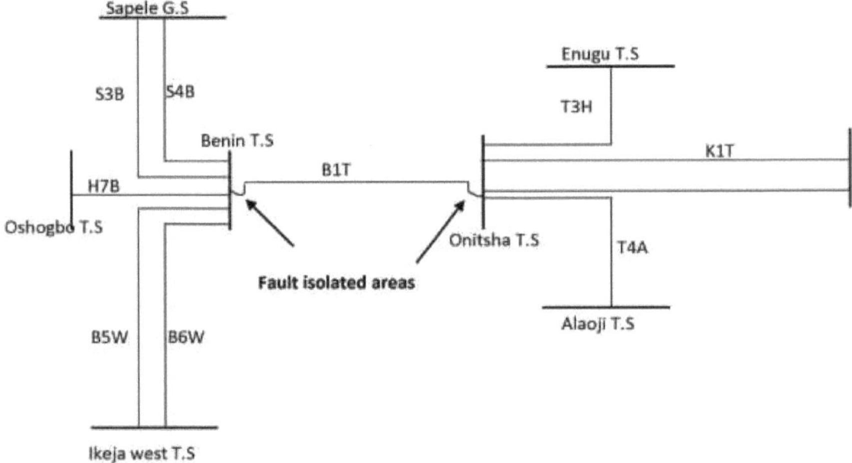

Fig 2.15 Mostra a área isolada por falha na rede que causou o colapso total em 25/08/2007 às 13:34 hrs fonte (N.C.C Oshogbo 2010)

- **FRACA INÉRCIA DO SISTEMA**

Quando a procura de energia é superior à oferta, provocando alguma perda de carga para manter o equilíbrio, diz-se que o sistema tem uma inércia fraca. Os engenheiros de planeamento asseguram normalmente que o sistema tem uma reserva de rotação que pode ser imediatamente acionada para estabilizar o sistema.

À medida que a procura de energia eléctrica ultrapassa as fontes disponíveis, a segurança da rede de energia é levada à instabilidade.

- **REGULADOR DEFEITUOSO**

Uma perda razoável de carga pode ser acomodada pelo ajuste automático da velocidade da máquina geradora. Por conseguinte, quando o sistema de controlo do regulador está defeituoso, a velocidade e a estabilização da frequência com a condição de carga não podem ser realizadas.

- **SISTEMA DE GRELHA RADIAL**

Num sistema radial como o PHCN, em que a energia flui de uma região para a outra ou vice-versa, a perda de uma linha de transporte pode provocar uma falha em cascata. Em caso de perda de uma linha, a energia nela contida é desviada para a outra. A potência nesta linha pode ser superior à sua capacidade térmica, forçando a proteção a disparar esta linha em sobrecarga, causando assim o colapso.

ii. CAUSAS NÃO TÉCNICAS

As causas não técnicas podem ser classificadas nas várias causas socioeconómicas.

- **VANDALIZAÇÃO**

A vandalização de gasodutos e linhas de transporte obriga a central eléctrica a encerrar as unidades de produção e/ou a reduzir a produção. A perturbação do sistema de comunicação e do sistema de teleprotecção através da adulteração da fibra ótica pode causar perturbações no sistema. Geralmente, estas acções de vandalismo provocam uma redução da produção e, consequentemente, podem provocar o colapso do sistema.

- **ACIDENTE NATURAL**

O entupimento das linhas pelas palmeiras de ráfia, bambus e árvores, especialmente nas zonas pantanosas, é a principal causa de perturbações em dias de vento.

- **ERRO HUMANO**

Esta situação é bastante invulgar, mas já aconteceu algumas vezes. Trata-se de uma situação de comutação de uma linha de carga pesada de uma central eléctrica numa situação em que as unidades na barra estão a gerar apenas MVA suficientes. Para fazer face à procura do sistema com pouca ou nenhuma reserva de rotação.

2.12 OS TIPOS DE PERTURBAÇÕES DO SISTEMA NA REDE

As perturbações no sistema de rede podem ser classificadas de acordo com as causas, a natureza e o efeito no sistema de rede. Nos últimos anos, tem-se registado um aumento do número de perturbações no sistema. Este facto deve-se ao aumento da procura de energia sem o correspondente aumento das fontes de produção de energia.

- **COLAPSO TOTAL E PARCIAL DO SISTEMA**

Um determinado colapso do sistema pode ser total ou parcial. A perturbação total do sistema ocorre quando o colapso resulta no disparo de todas as unidades na barra em sincronismo de todas as estações geradoras disponíveis, causando um apagão total em todo o sistema de rede.

Um colapso parcial do sistema ocorre quando uma ilha de energia se separa do resto do sistema da rede PHCN e, portanto, sofre um colapso das centrais eléctricas associadas.

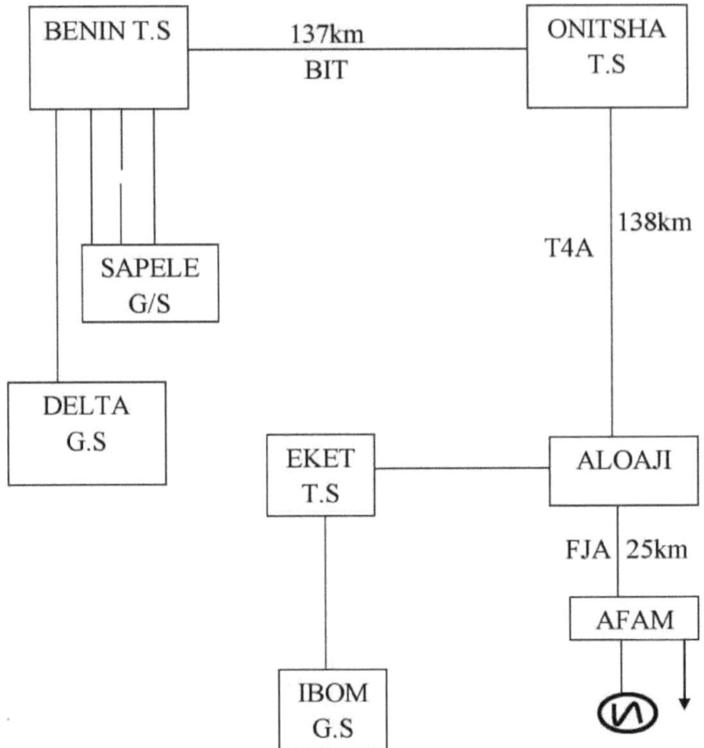

Fig 2.16 Secção da rede mostrando a linha de transmissão Benin-Onitsha-Alaoji 330kv

2.13 CAUSAS DO COLAPSO DO SISTEMA AO LONGO DE BENIN-ONITSHA- LINHA ALAOJI

Um estudo cuidadoso dos quadros 3.4, 3.5 e 3.6 mostra que, na maior parte das vezes, o colapso parcial ao longo da linha resulta de incrustações no condutor ou de disparos da linha, quer numa extremidade, quer em ambas ou mesmo simultaneamente

Outra causa de colapso do sistema ao longo da referida linha é o envelhecimento da maior parte do equipamento da PHCN. Esta anomalia conduz frequentemente a um colapso total ao longo da linha. Um exemplo deste incidente é o incêndio do isolador da linha de fase azul em Benin, na terça-feira' 19 de maio de 2009. (N.C.C Oshogbo 2010)

Uma das principais causas do colapso do sistema ao longo da linha Benin-Onitsha-Alaoji 330KV é a falta de manutenção da linha. As autoridades podem estar dispostas a efetuar uma manutenção periódica, mas isso será feito em detrimento dos consumidores, porque a linha tem de ser totalmente desenergizada antes de se poder efetuar a manutenção, o que nos leva à outra causa do colapso do sistema.

A linha Benin-Onitsha-Alaoji é uma linha de transmissão de 330KV de circuito único, o que implica que qualquer falha ao longo da referida linha fará com que a potência total ao longo da linha pare até que a falha seja claramente eliminada. No caso de um circuito duplo, essa carga pode ser transferida temporariamente para outro circuito. Mas isto não é aplicável na linha de transmissão de circuito simples como a BIT e a T4A.

Uma outra causa de colapso do sistema ao longo da linha é a sobrecarga dessa linha. O facto de se tratar de uma linha de transmissão de circuito único deveria ter feito com que a linha não ficasse sobrecarregada, mas as autoridades continuam a sobrecarregá-la. Porque querem que a energia chegue a todos os cidadãos da Nigéria em torno dessa região, mas a longo prazo, o que é que obtemos? Desarmes frequentes da linha que acabam por conduzir a um colapso da tensão.

Outra questão a discutir é a fraca produção, o que levou a PHCN a operar acima do limite legal de frequência, a fim de manter a estabilidade. Mas quando há uma falha devido a subfrequência ou sobrefrequência, podemos pensar que o nosso sistema de proteção é suficientemente forte para conter essa falha, mas não é assim, devido à sensibilidade da linha de transmissão de circuito único (BIT e T4A). Se ocorrer um defeito deste tipo ao longo da BIT e da T4A, devido ao mau estado e envelhecimento dos nossos aparelhos de mudança de via e de outros dispositivos de proteção, pode eventualmente conduzir a um colapso parcial ou total.

CAPÍTULO 3

3.1 SIMULAÇÃO COMPUTADORIZADA DAS LINHAS DE TRANSMISSÃO BENIN-ONITSHA-ALAOJI 330kV

A simulação informática das linhas de transmissão Benin-Onitsha-Alaoji foi efectuada utilizando o software Matlab/Simulink para apresentar a modelação da rede e o seu desempenho em estado estacionário e em estado dinâmico. A análise do estado estacionário é simulada utilizando os dados do fluxo de potência natural para a rede sem condições de defeito, enquanto a análise do estado dinâmico é simulada considerando diferentes condições de defeito. O efeito das falhas nas linhas de transmissão, considerando a estabilidade da corrente, da tensão e da potência na rede, é analisado para determinar o colapso do sistema. O modelo da rede é apresentado na figura 3.1

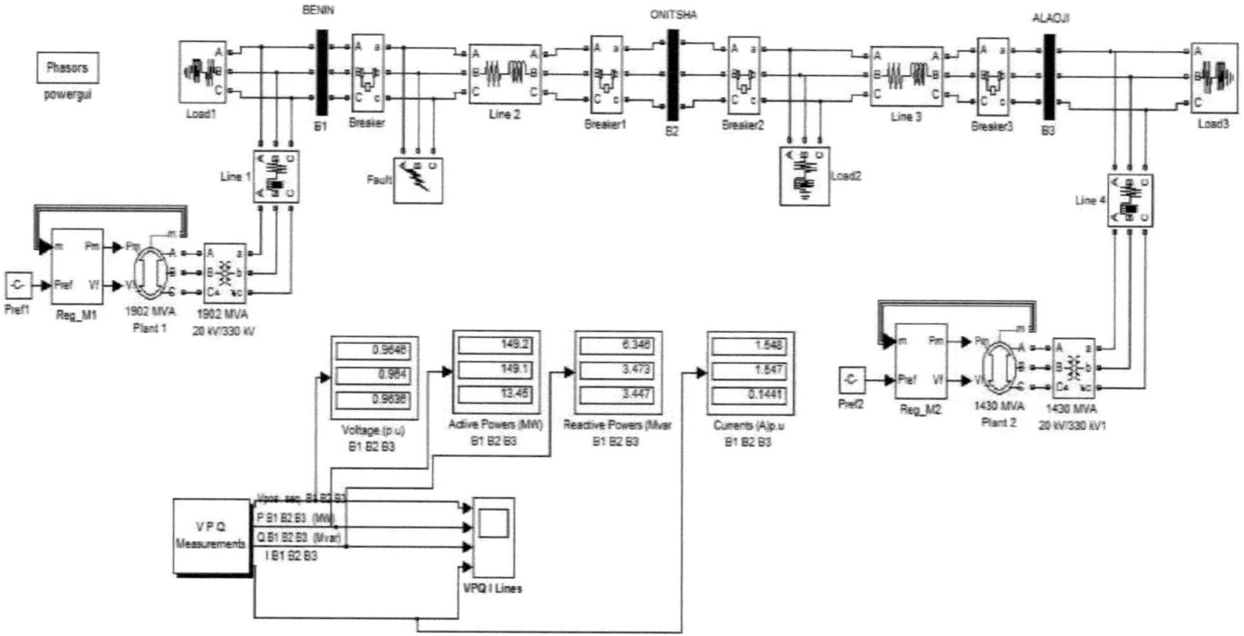

Figura 3.1 Modelo Simulink das linhas de transmissão Benin-Onitsha-Alaoji

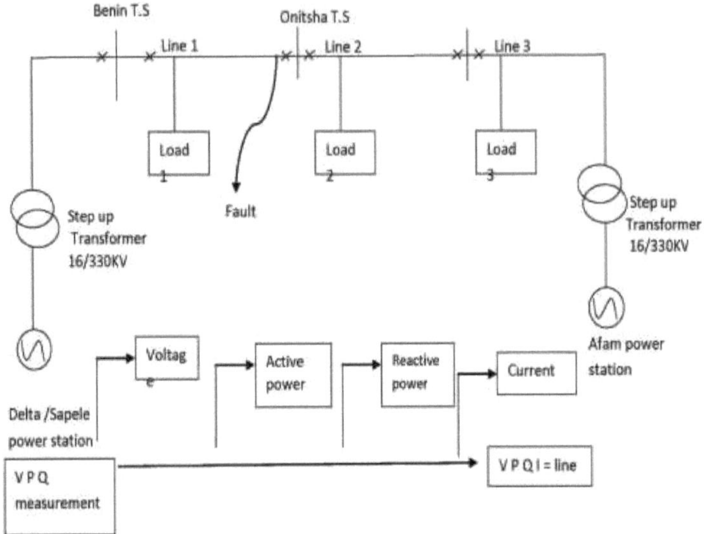

Fig. 3.2: Diagrama de blocos simplificado do modelo do simulador

O modelo consiste em duas centrais eléctricas de 1902 MVA e 1430 MVA que funcionam com uma tensão nominal de 12 kV linha a linha. A central 1 representa as centrais eléctricas de Delta e Sapele com uma capacidade instalada de 1902MW e a central 2 representa as centrais eléctricas de Afam II-V e AfamVI com uma capacidade instalada de 1430MW. A central 1 está ligada à estação de transmissão de Benin e a central 2 está ligada à estação de transmissão de Alaoji. As duas centrais estão a funcionar para alimentar as linhas de transmissão Benin-Onitsha-Alaoji 330kV com uma potência térmica de 760 MVA.

As centrais 1 e 2 são modeladas com Pref1 = 0,23922 e Pref2 = 0,26993 para representar a disponibilidade de potência equivalente das centrais de produção de 455MW para a central 1 e 386MW para a central 2. O circuito equivalente da rede é modelado como se mostra na Figura 3.1. Os parâmetros (impedância, tensão nominal, potência e cargas nos vários barramentos) da rede são introduzidos no modelo e a simulação é efectuada.

Quadro 3.1 Parâmetros do modelo Fonte Onohaebi e Omodamwen (2010)

Classificação da linha	760MVA
Tensão nominal	330kV
Planta	1902MVA
Planta2	1430MVA
Transformador 1	16kV/330Kv
Transformador 2	16kV/330Kv
Linhas	**Impedância**
Afam-Alaoji	0.009+j0.007
Onitsha-Alaojj	0.0049+j0.0419
Benim-Onitsha	0.0049+j0.0416

Benim-Sapele	0.0018+j0.0139
Benim -Delta	0.0038+j0.0321

3.2 SIMULAÇÃO DE ESTABILIDADE EM ESTADO ESTACIONÁRIO

A simulação em estado estacionário é realizada para determinar o fluxo de potência normal da rede e as suas caraterísticas de funcionamento, tais como tensões, correntes e potência nos vários barramentos. A energia produzida por dois centros electroprodutores é transmitida para as linhas que servem as cargas ligadas aos três barramentos, em B1 136MW e 84Mvar, B2 236MW e 146Mvar, e 248MW e 153Mvar. O modelo do implemento é simulado durante 5s com o disjuntor de defeito em modo desligado. O resultado obtido da simulação em estado estacionário é tabelado na tabela 3.2. A figura 3.1.1 mostra a forma de onda em estado estacionário para tensões, correntes, potência ativa e reactiva nos vários barramentos.

Tabela 3.2 Resultado da simulação em estado estacionário

Autocarro Não	Tensão (p.u)	Corrente (p.u)	P (MW)	Q(Mvar)
1	0.9646	1.5480	149.2	6.346
2	0.9640	1.5470	149.10	3.473
3	0.9636	0.1441	13.45	3.447

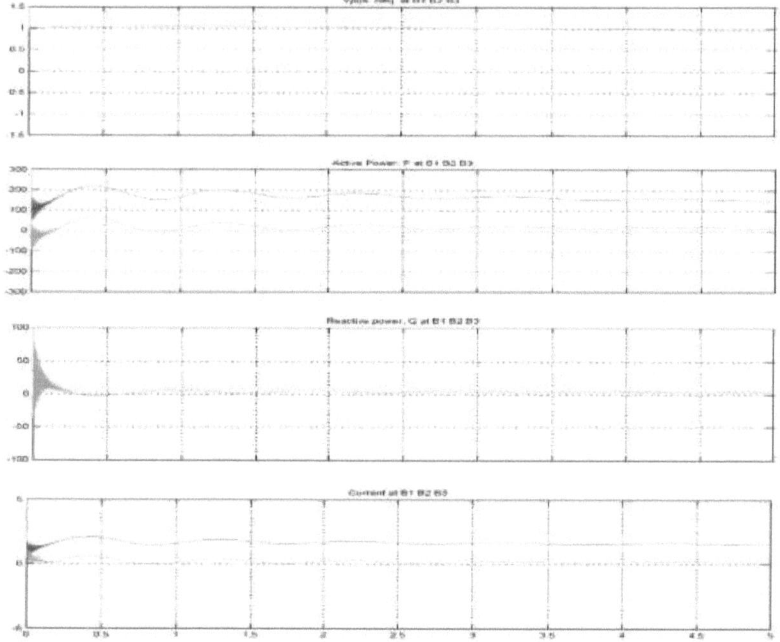

Figura 3.1.1 Forma de onda em estado estacionário para tensões, correntes, potência ativa e
Potência reactiva nos barramentos 1, 2 e 3

3.2.1 SIMULAÇÃO DA ESTABILIDADE DO ESTADO DINÂMICO

A simulação do estado dinâmico é efectuada com o mesmo modelo, colocando o disjuntor de defeito no modo ligado para simular diferentes condições de defeito nos três barramentos. Os defeitos simulados são um defeito de linha simples para a terra, um defeito de linha dupla para a terra, um defeito de três fases para a terra, um defeito de curto-circuito de linha para linha e uma queda súbita da central eléctrica 1. As várias condições de defeito simuladas são utilizadas para determinar e analisar o colapso do sistema. A simulação foi efectuada durante 20s, o disjuntor de defeito foi iniciado aos 5s e durou 2s antes de o defeito ser eliminado pelos disjuntores e o religamento automático das linhas é iniciado após 5s, quando o defeito foi eliminado.

As tabelas e figuras abaixo mostram o resultado simulado das várias condições de falha.

Tabela 3.3 Faltas simples da linha à terra Resultado no barramento 1

Autocarro Não	Tensão (p.u)	Corrente (p.u)	P (MW)	Q(Mvar)
1	0.7125	16.03	126.06	61.1
2	0.7976	7.161	125.50	-146.1
3	0.8834	7.101	8.945	-352.5

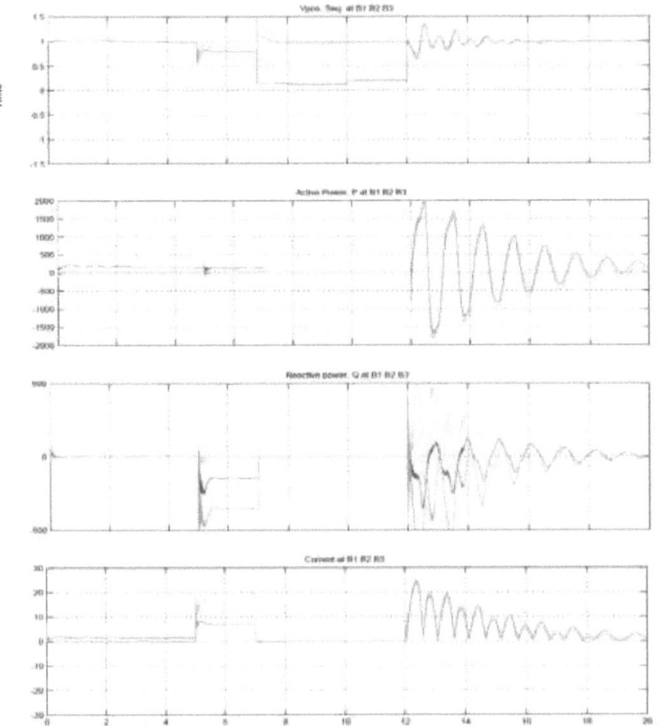

Fig 3.1.2 Defeito simples de linha para a terra Forma de onda para tensões, correntes, energia ativa
Potência e potência reactiva no barramento 1

Tabela 3.3.1 Faltas simples da linha à terra Resultado no barramento 2

Autocarro Não	Tensão (p.u)	Corrente (p.u)	P (MW)	Q(Mvar)
1	0.8141	9.48	148.90	287.80
2	0.7035	9.48	148.70	-45.11
3	0.8392	11.22	36.82	-476.90

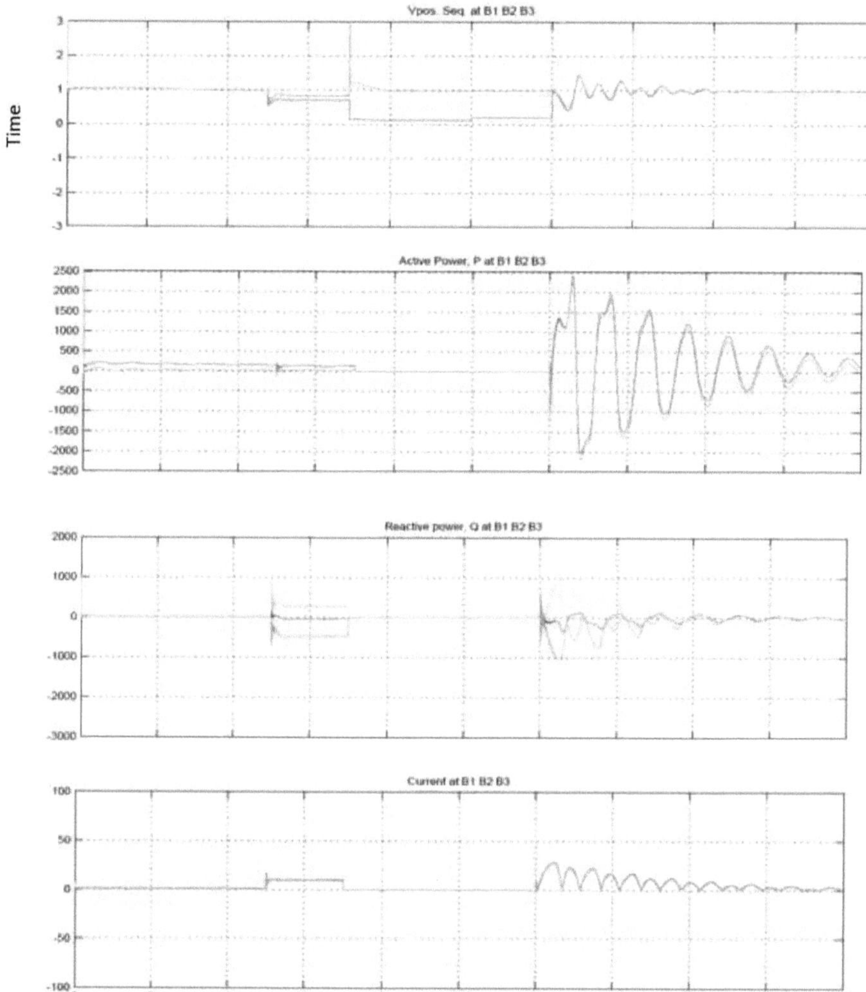

Fig 3.1.3 Defeito simples da linha à terra Forma de onda para tensões, correntes, Potência ativa e potência reactiva no barramento 2

Tabela 3.3.2 Faltas simples da linha à terra Resultado no barramento 3

Autocarro Não	Tensão (p.u)	Corrente (p.u)	P (MW)	Q(Mvar)
1	0.8718	6.145	208.80	156.6
2	0.8057	6.145	208.70	-29.11
3	0.7400	5.698	85.49	-210.9

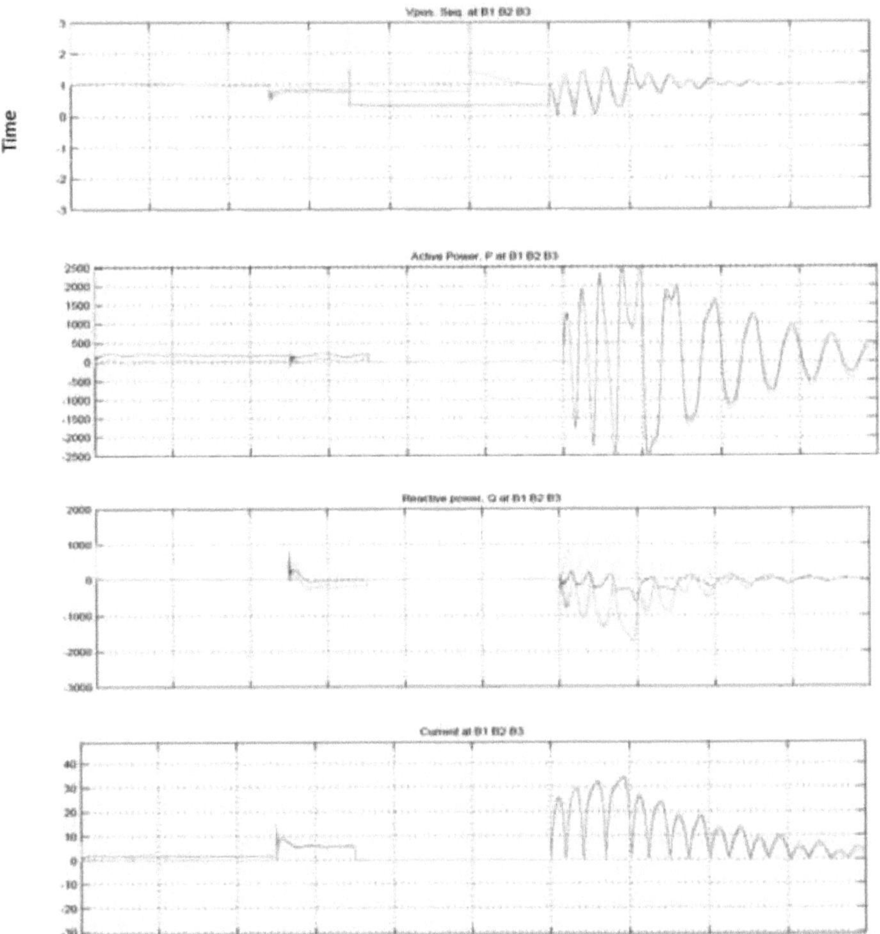

Fig 3.1.4 Defeito simples da linha à terra Forma de onda para tensões, Correntes, potência ativa e potência reactiva no barramento 3

Tabela 3.3.4 Defeitos de linhas duplas à terra Resultado no barramento 2

Autocarro Não	Tensão (p.u)	Corrente (p.u)	P (MW)	Q(Mvar)
1	0.377	37.5	137.1	37.25
2	0.5783	16.89	135.9	-505.1

3	0.7816	16.83	65.14	-1048

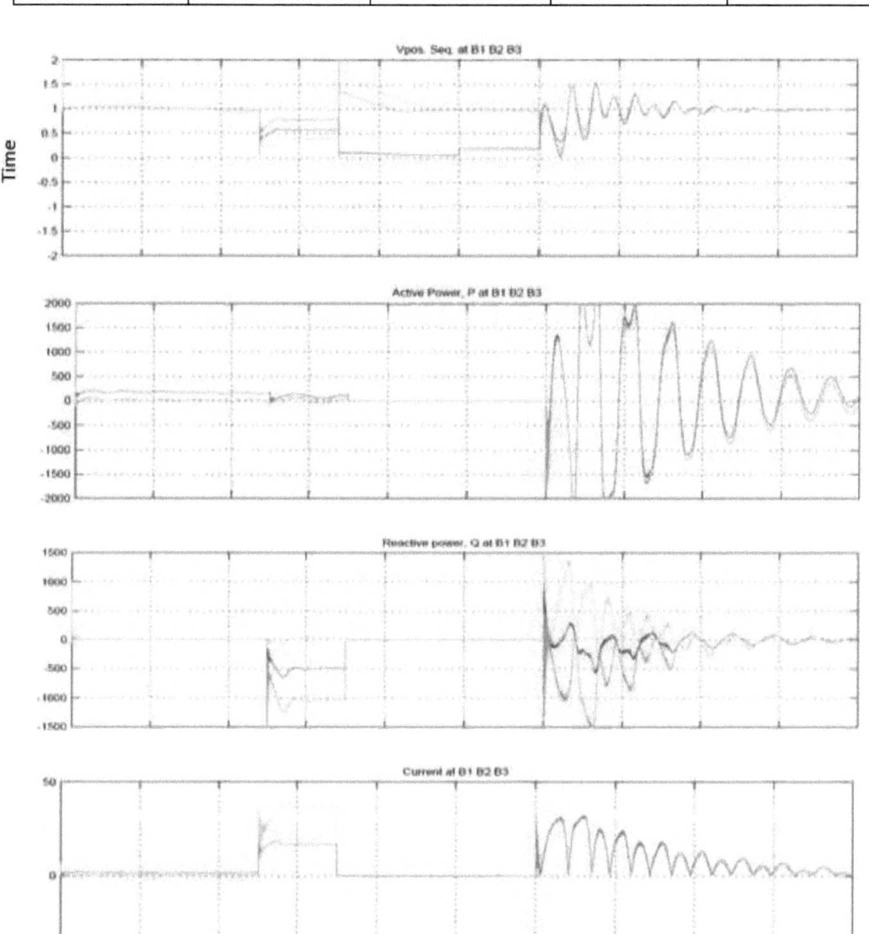

Fig 3.1.5 Defeito de linhas duplas à terra Forma de onda para tensões, correntes, Potência ativa e potência reactiva no barramento 1

Tabela 3.3.5 Falhas de linhas duplas para a terra Resultado no barramento 2

Autocarro Não	**Tensão (p.u)**	**Corrente (p.u)**	**P (MW)**	**Q(Mvar)**
1	0.6289	21.47	85.05	832.60
2	0.3727	21.47	84.60	-27.87
3	0.6851	25.84	22.50	-125.8

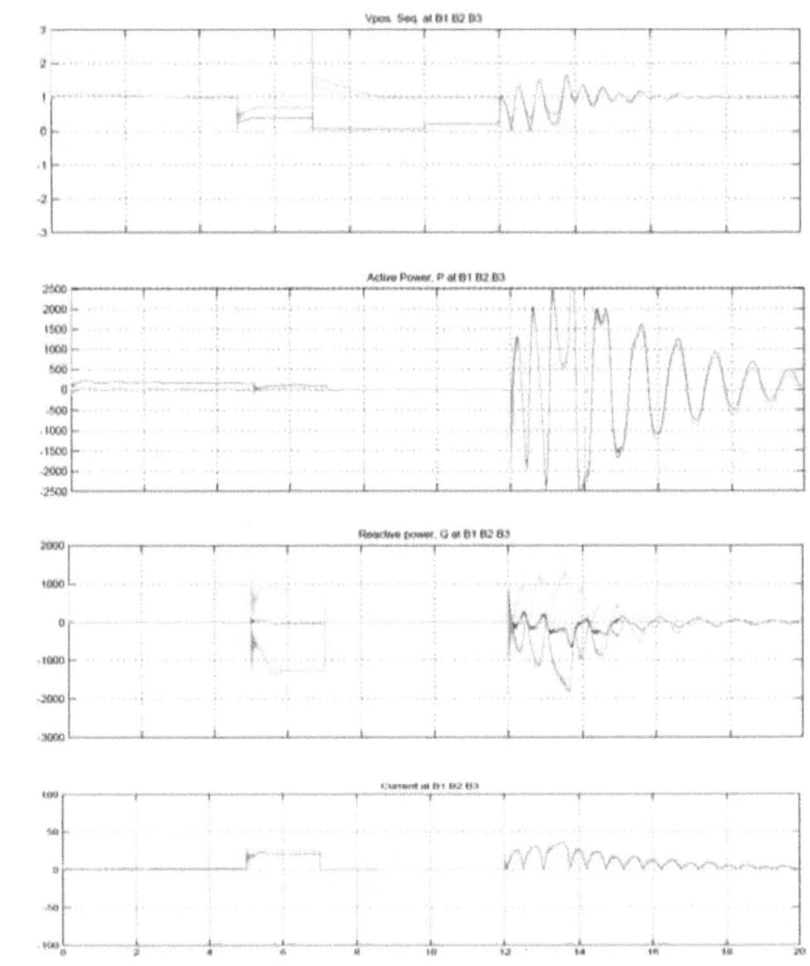

Fig 3.1.6 Defeito de linhas duplas à terra Forma de onda para tensões, correntes, Potência ativa e potência reactiva no barramento 2

Tabela 3.3.6 Faltas trifásicas à terra Resultado no barramento 1

Autocarro Não	Tensão (p.u)	Corrente (p.u)	P (MW)	Q(Mvar)
1	0.7345	14.46	152.8	738.80
2	05638	14.46	152.5	310.00
3	0.3936	14.31	81.06	-117.70

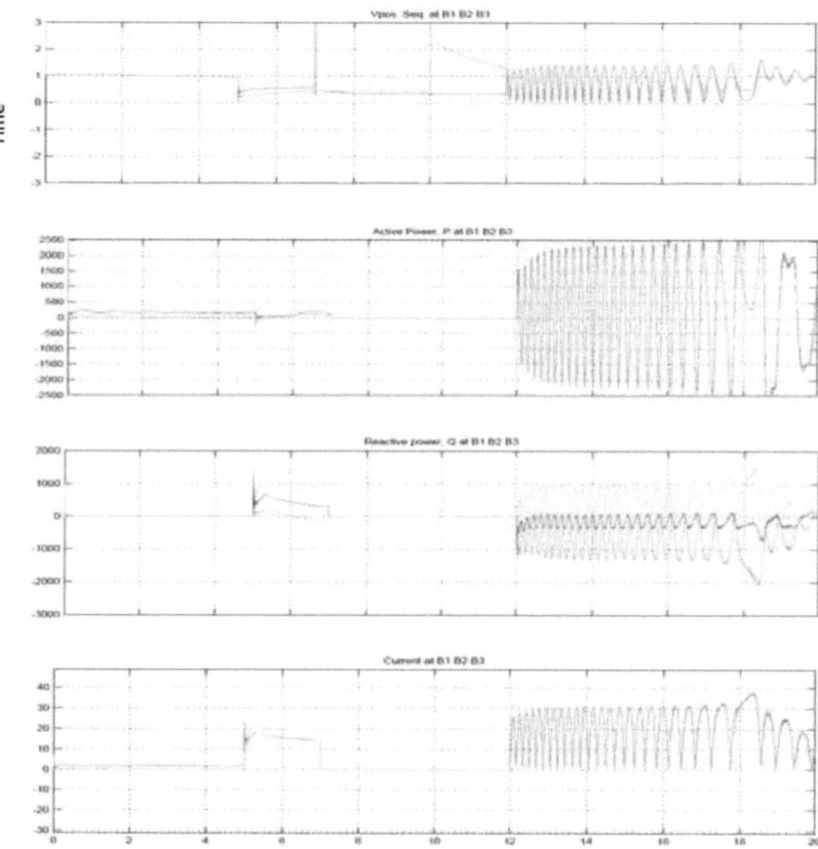

Fig 3.1.7 Defeito de linhas duplas para a terra Forma de onda para tensões, correntes, energia ativa
Potência e potência reactiva no barramento 3

Tabela 3.3.7 Faltas trifásicas à terra Resultado no barramento 1

Autocarro Não	Tensão (p.u)	Corrente (p.u)	P (MW)	Q(Mvar)
1	8.806e-5	61.71	0.5433	0.01264
2	0.3317	27.64	-0.3279	-916.7
3	0.6658	27.64	-16.87	-1840

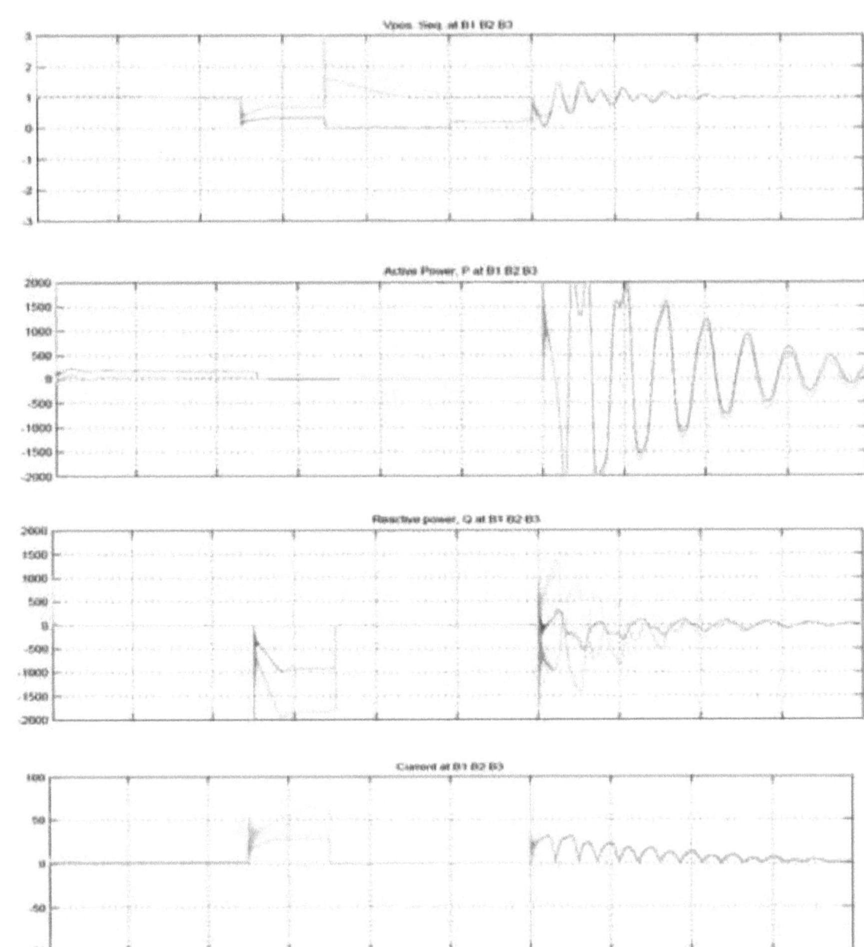

Fig 3.1.8 Defeito trifásico para a terra Forma de onda para tensões, correntes, energia ativa

Potência e potência reactiva no barramento 1

Tabela 3.3.8 Faltas trifásicas à terra Resultado no barramento 1

Autocarro Não	Tensão (p.u)	Corrente (p.u)	P (MW)	Q(Mvar)
1	0.4204	35.03	0.7935	1473
2	2.765e-5	35.03	0.01597	-0.09554
3	0.5109	42.27	-1.199	-2160

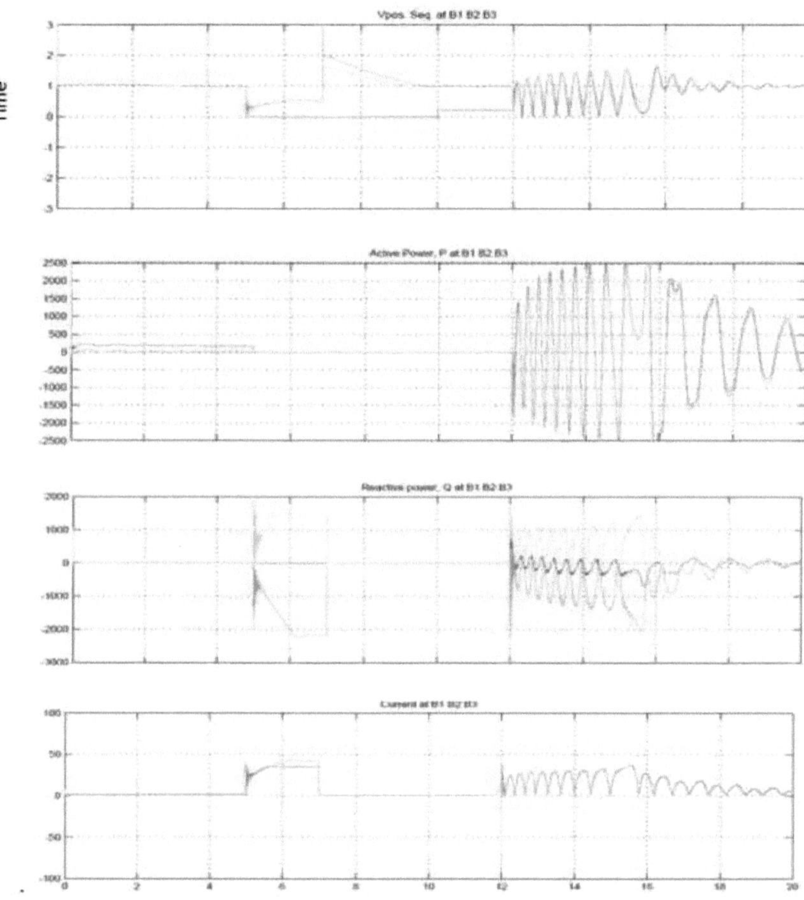

Fig 3.1.9 Defeito trifásico para a terra Forma de onda para tensões, correntes, energia ativa
Potência e potência reactiva no barramento 2

Tabela 3.3.9 Faltas trifásicas à terra Resultado no barramento 1

Autocarro Não	Tensão (p.u)	Corrente (p.u)	P (MW)	Q(Mvar)
1	0.5868	24.37	13.47	1430
2	0.2944	2 4.37	13.10	717.3
3	6.228e-5	24.36	0.06425	-0.1375

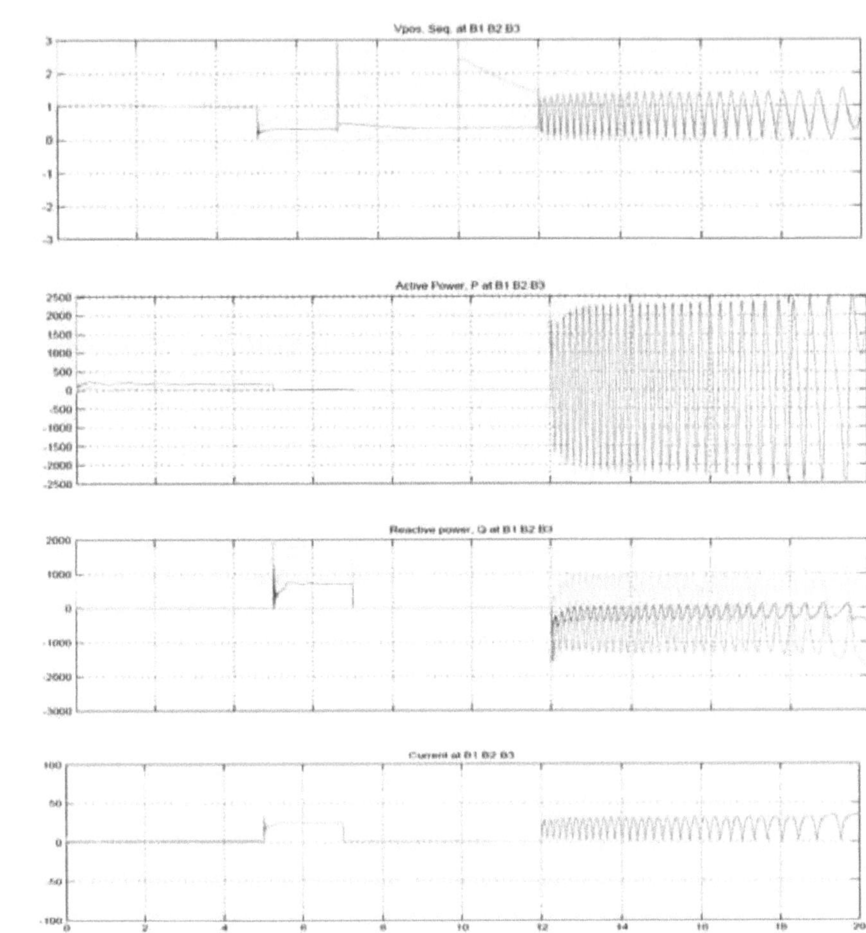

Fig 3.1.10 Defeito trifásico à terra Forma de onda para tensões, correntes, Potência ativa e potência reactiva no barramento 3

Tabela 3.3.10 Faltas trifásicas à terra Resultado no barramento 1

Autocarro Não	Tensão (p.u)	Corrente (p.u)	P (MW)	Q(Mvar)
1	0.6280	21.38	124.9	106.80
2	0.7422	9.538	124.4	-155.00
3	0.8572	9.528	8.302	-416.30

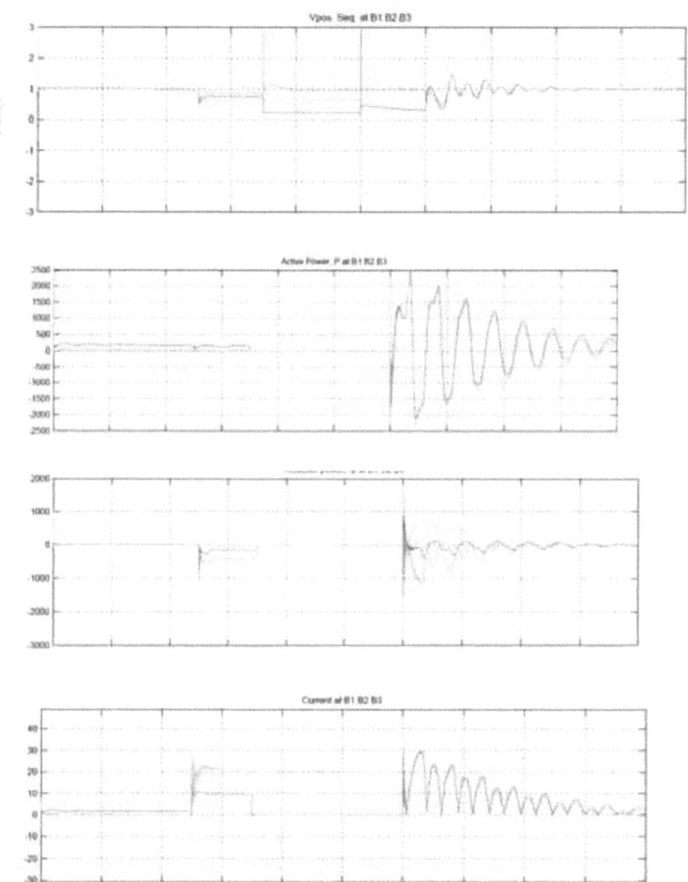

Fig 3.1.11 Defeito de curto-circuito linha a linha Forma de onda para tensões, Correntes, potência ativa e potência reactiva no barramento 1

Tabela 3.3.11 Faltas trifásicas à terra Resultado no barramento 1

Autocarro Não	Tensão (p.u)	Corrente (p.u)	P (MW)	Q(Mvar)
1	0.7442	12.98	158.70	349.20
2	0.6132	12.98	158.50	-85.45
3	0.7972	15.23	48.15	-598.40

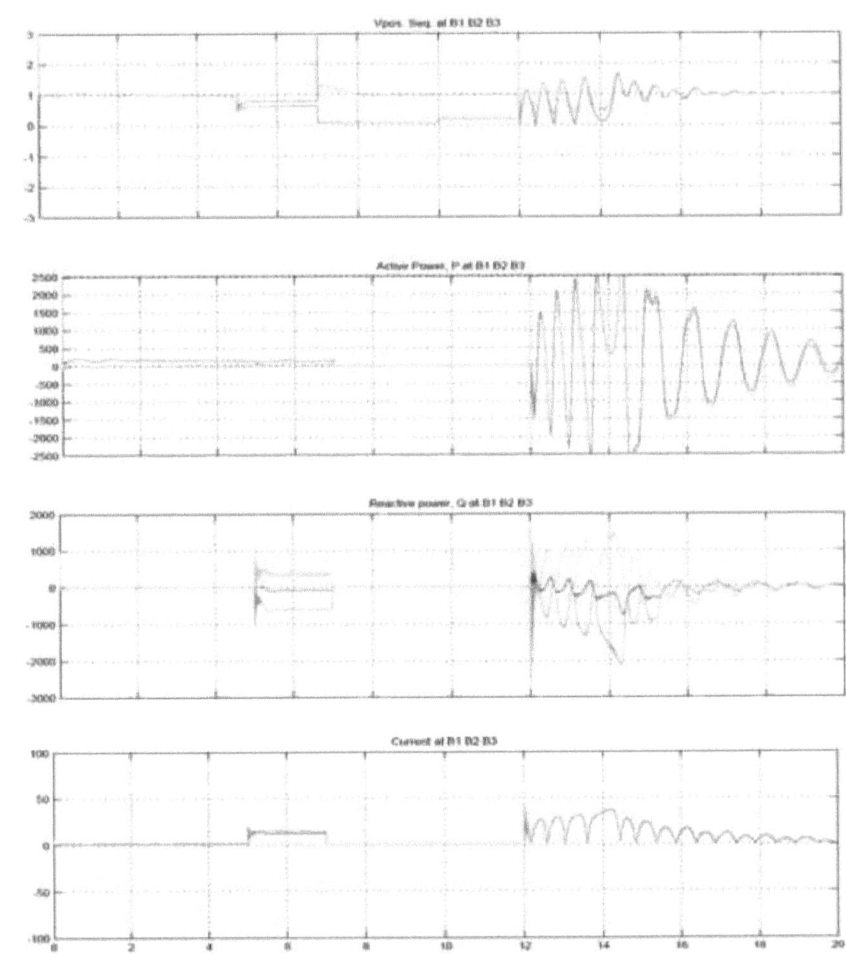

Fig 3.1.12 Defeito de curto-circuito linha a linha Forma de onda para tensões, correntes,
Potência ativa e potência reactiva no barramento 2

Tabela 3.3.12 Faltas trifásicas à terra Resultado no barramento 1

Autocarro Não	Tensão (p.u)	Corrente (p.u)	P (MW)	Q(Mvar)
1	0.8460	7.743	224.2	138.70
2	0.7612	7.743	224.1	224.1
3	0.6772	7.334	98.06	98.06

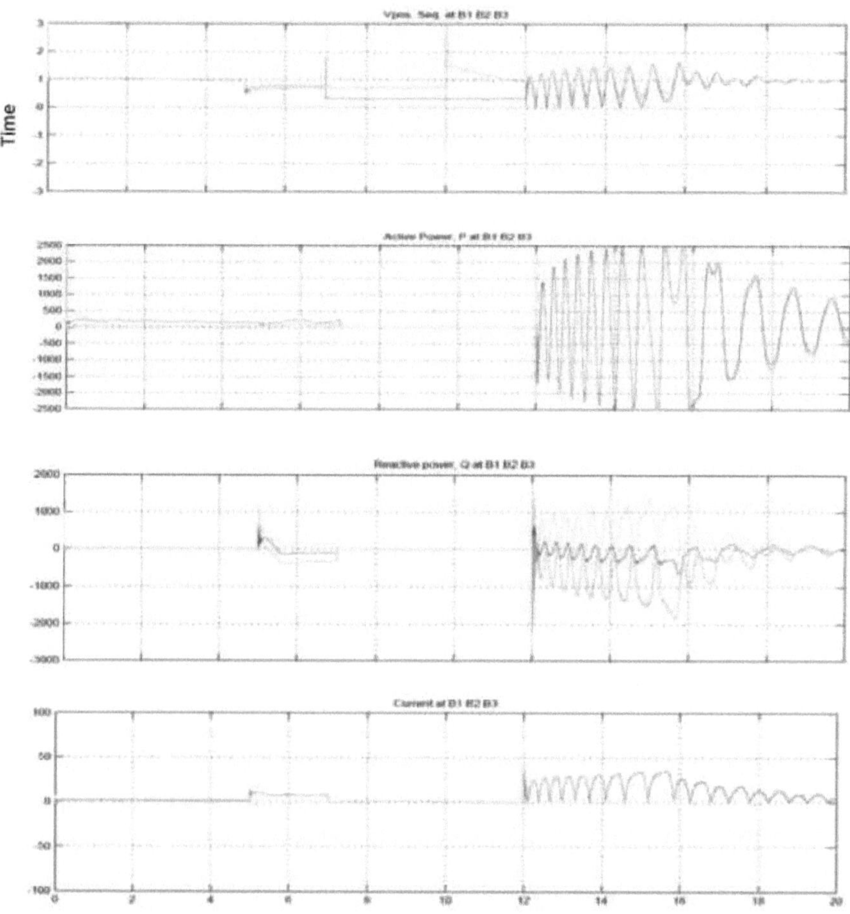

Fig 3.1.13 Defeito de curto-circuito linha a linha Forma de onda para tensões, Correntes, potência ativa e potência reactiva no barramento 3

Tabela 3.3.13 Resultado do abandono da central geradora 1

Autocarro Não	Tensão (p.u)	Corrente (p.u)	P (MW)	Q(Mvar)
1	1.495	8.426	-1257'	89.88
2	1.492	8.426	-1257	4.684
3	1.497	10.600	-1582	-131.2

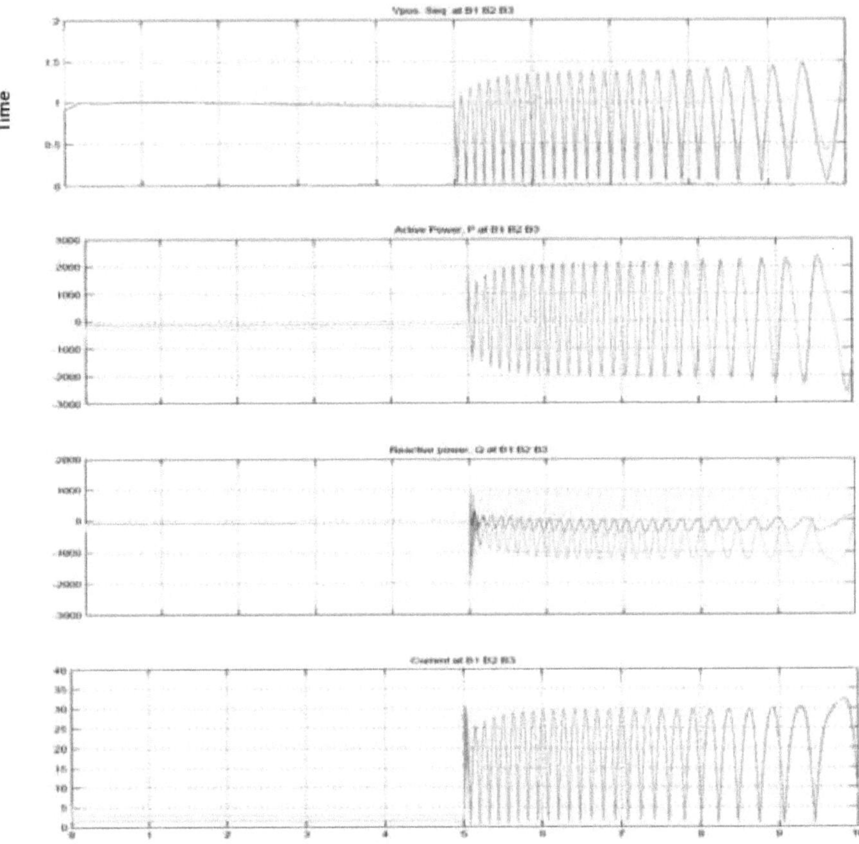

Fig 3.1.14 Forma de onda de queda da central geradora 1 para tensões e correntes, Potência ativa e potência reactiva no barramento 1

Quadro 3.4 SÍNTESE DOS DESVIOS DO SISTEMA DE OPERAÇÃO INTEGRADA DA REDE PARA 2007 (N.C.C Oshogbo 2007)

S/N	DATA/MÊS	DIA	HORA (H) DA OCORRÊNCIA DO RESTABELECIMENTO DA PERTURBAÇÃO DE ABASTECIMENTO		DURAÇÕES (HORAS)	CARGA PERDIDA (MW)	TIPO DE PERTURBAÇÕES NA REDE TOTAL	PARCIAIS	CAUSAS/OBSERVAÇÕES QUADRO 3-1
1	04/03/07	Sol	15:02	'15:46	0.73	1843.4	X		Suspeita-se de sobrecarga após o restabelecimento do BIT 330 disparado anteriormente
2	15/03/04	Thur	08:09	9:15	1.13	2039.0	X		O disparo do circuito BIT no relé de proteção à distância na extremidade de Onitsha, rejeitando o fluxo de energia de 179MW para o Benim
3	09/07/07	Mês	13;35	14:02	0.45	1918.3	X		O desarme da linha BIT 330KV (APENAS NO FIM DE ONITSHA).
4	25/08/07	Sábado	13:34	18:27	4.88	272.37	X		O disparo da linha Benin/Onitsha 330KV em ambos os extremos devido a uma falha à terra

Quadro 3.4.1OCORRÊNCIA DE COLAPSO DO SISTEMA PARA 2007 EM BASES DIÁRIAS

DIA	DATA	NÚMERO DE TOTAL COLAPSOS	NÚMERO DE PARCIAL COLAPSOS	TOTAL NÚMERO DE TODOS COLAPSOS
MON	09/07/2007	1	-	1
TUE		-	-	-
QUARTA-FEIRA		-	-	-
TERÇA-FEIRA	15/03/07	1	-	1
FRI		-	-	-
SAT	25/08/07	1	-	1
SOL	04/03/07	1	-	1
TOTAL		4	-	4

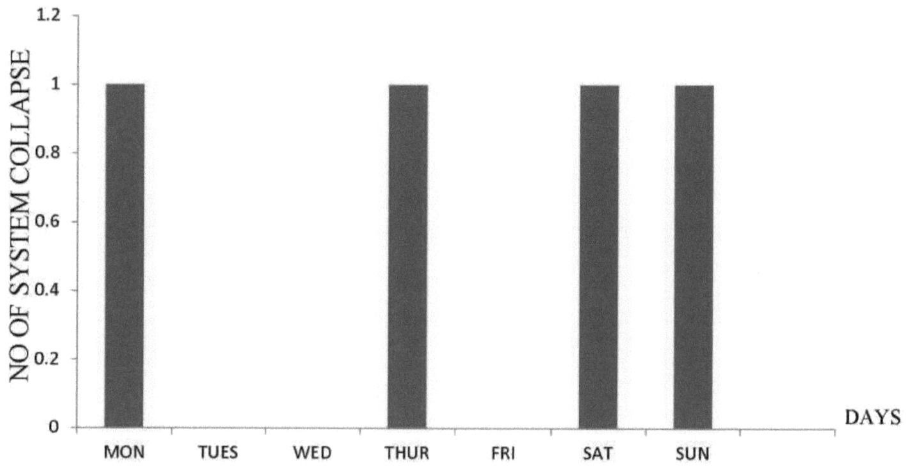

fig. 3.2 Representação gráfica do colapso do sistema ao longo de Benin-Onitsha-

Linha Alaoji 330kv

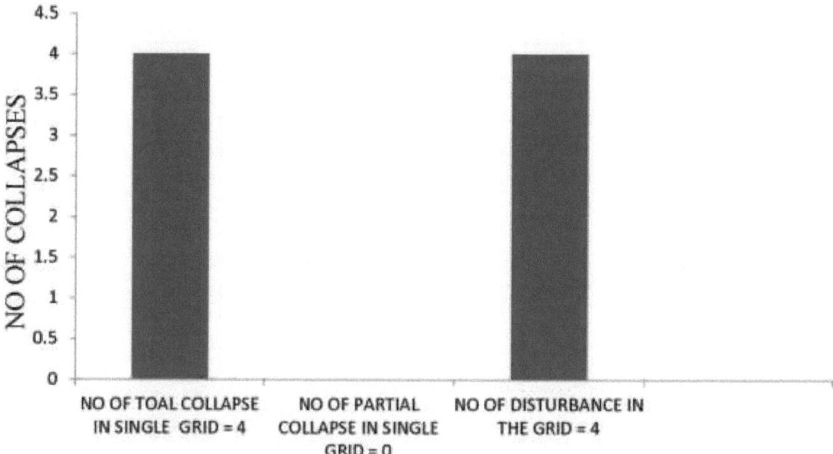

Fig 3.2.1 Representação gráfica do colapso simples e parcial ao longo da grelha

Tabela 3.5 SÍNTESE DAS PERTURBAÇÕES NO SISTEMA INTEGRADO DE OPERAÇÕES DE REDE PARA 2009 (N.C.C Oshogbo 2009)

S/N	DATA/MÊS	DIA	TEMPO (HRS) PERTURBAÇÃO OCORRIDA	RESTAURAÇÃO DE ABASTECIMENTO	DURATIONS (HORAS)	CARGA PERDIDA (MW)	TIPO DE PERTURBAÇÕES NA REDE TOTAL	PARCIAL	CAUSAS/OBSERVAÇÕES QUADRO 3-1
1	13/03/09	Sex	16:36	16:58	0.37	2673.70		X	Desativação da linha Benin/Onitsha 330KV (BIT) CBI
2	07/04/09	Sábado	12:43	13:13	0.50	2498.10		X	O disparo da linha Benin/Onitsha 330KV (CT.BIT), em caso de defeito à terra, fase vermelha, zona 3, dispara na extremidade de Onitsha.
3	11/04/09	Quarta	14:01	16:05	2.04	2478.50		X	O disparo da linha Benin/Onitsha 330KV (CCT.BIT) devido a um defeito à terra, rejeitando a importação de 166MW de eletricidade para a estação de transmissão de Benin
4	1905/09	Terça-feira	03:50	04:58	1.13	2180.30	X		Abertura de emergência da linha Benin- Onitsha 330KV (CCT.BIT) devido à queima do isolador da linha de fase azul em Benin.
5	21/06/09	Sol	16:37	17:02	0:42	1658.20	X		A linha Onitsha/Alaoji 330KV (CCT T4A) disparou, afam VI Perdeu-se uma produção de 291MW. Apesar dos esforços para manter a frequência do sistema estável através de cortes de carga, registou-se instabilidade no sistema OKpai, que reduziu a sua produção de 228MW

6	23/06/09	Terça-feira	13:25	14:09	0.73	1527.10	X		Onitsha/Alaoji 330KV (CCT T4A) Desarme na extremidade de Onitsha, corte da geração afam VI de 197MW para a estação de transmissão de Onitsha.
7	22/07/09	Quarta	13:58	14:25	0.45	1632:80	X		Benin/Onitsha 330KV (CCT BIT) Desarmou em ambos os extremos, cortando a exportação de 363MW do extremo de Onitsha.
8	17/08/09	Mês	12:53	13:14	0.35	1814.50	X		O disparo simultâneo da linha Onitsha/Alaoji 330KV (CCT. T4A) em ambas as extremidades.
9	05/11/09	Thur	13:49	15:00	1.18	2293.40		X	Desativação da linha Onitsha/Alaoji 330KV, (CCT - T4A) em ambas as extremidades

Quadro 3.5.1 SÍNTESE DAS DISTÚRBIOS DO SISTEMA DE REDE INTEGRADA DE OPERAÇÕES PARA 2009

QUADRO DE ANÁLISE DIÁRIA

DIA	DATA	NÚMERO DE TOTAL COLAPSOS	NÚMERO DE PARCIAL COLAPSOS	TOTAL NÚMERO DE TODOS COLAPSOS
SEGUNDA-FEIRA	17/08/09	1	-	1
TERÇA-FEIRA	19/05/09 23/06/09	2	-	2
QUARTA-FEIRA	22/07/09	1	-	1
QUINTA-FEIRA	15/11/09	-	1	1
SEXTA-FEIRA	13/03/09	-	1	1
SÁBADO	07/04/09	-	2	2
DOMINGO	21/06/09	1	-	1
TOTAL		5	4	9

COLAPSO TOTAL

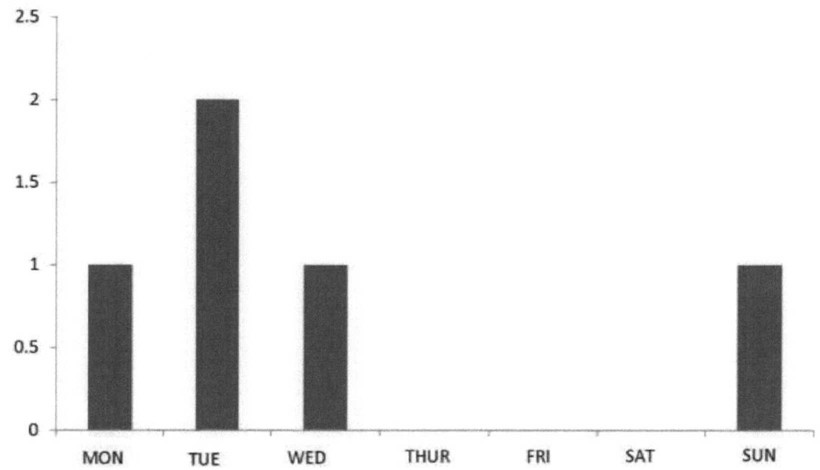

Fig 3.2.2 **REPRESENTAÇÃO GRÁFICA DO SISTEMA COLAPSOS (TOTAL)**

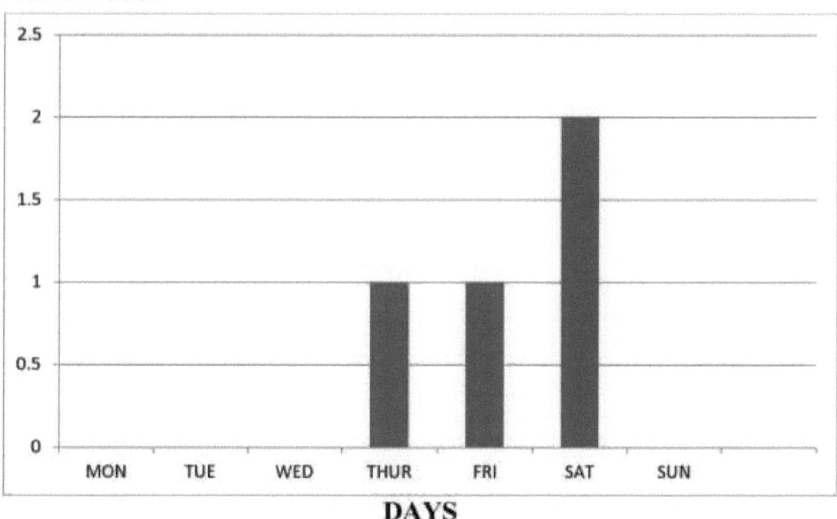

Fig 3.2.3.**REPRESENTAÇÃO GRÁFICA DOS COLAPSOS DO SISTEMA (PARCIAL)**

Tabela 3.6 SÍNTESE DAS DISTORÇÕES DO SISTEMA DE OPERAÇÃO INTEGRADA DA REDE PARA 2010 (N.C.C Oshogbo 2010)

S/N	DATA/MÊS	DIA	HORA (H) DA OCORRÊNCIA DO RESTABELECIMENTO DA PERTURBAÇÃO DE ABASTECIMENTO		DURAÇÕES (HORAS)	CARGA PERDIDA (MW)	TIPO DE PERTURBAÇÕES NA REDE TOTAL	PARCIAIS	CAUSAS/OBSERVAÇÕES QUADRO 3-1
1	12/01/10	Terça-feira	14:58	17:20	2.37	1083.40		X	O desarme da linha Delta/Benim na extremidade de Benin T.S. devido a uma discordância entre os pólos e a uma falha na abertura da fase vermelha, o que provocou o desarme dos circuitos BIT em Onitsha
2	07/07/10	Quarta	20:70	21:02	0.92	3187.50		X	Desativação da linha Benin/Onitsha 330KV apenas na extremidade de Benin.
3	20/07/10	Terça-feira	9:50	10:20	0.20	2037.10		X	O disparo de Benin/Onitsha 330KV na estação de transmissão de Benin por sobreintensidade.
4	10/09/10	Sex	23:35	0:23	0.80	1947.30		X	O disparo da linha Benin/Onitsha 330KV na estação de transmissão de Benin devido à queima do isolador da linha de fase vermelha

5	13/09/10	Mês	15:54	16:20	0.43	982.29			O disparo de Benin/Onitsha 330KV em ambas as extremidades
6	12/10/10	Terça-feira	12:33	12:52	0.32	2985.70	X		O disparo da linha Benin/Onitsha 330KV em ambas as extremidades
7	08/12/10	Quarta	13:30	13:44	0.23	3016.40	X		O disparo da ligação Benin/Onitsha 330KV apenas na estação de transmissão de Onitsha.

Quadro 3.6.1 SÍNTESE DAS PERTURBAÇÕES DO SISTEMA DE OPERAÇÃO INTEGRADA DA REDE PARA 2010 ANÁLISE DIÁRIA

DIA	DATA	NÚMEROS DO TOTAL COLAPSO	NÚMEROS DE COLAPSO PARCIAL	NÚMERO TOTAL DE TODO O COLAPSO
SEGUNDA-FEIRA	13/09/10	0	1	1
TERÇA-FEIRA	12/10/10 12/01/10 20/07/10	1	2	3
QUARTA-FEIRA	07/07/10 08/12/10	1	1	2
QUINTA-FEIRA		0	0	0
SEXTA-FEIRA	10/09/10	0	1	1
SÁBADO		0	0	0
DOMINGO		0	0	0
TOTAL		**2**	**5**	**7**

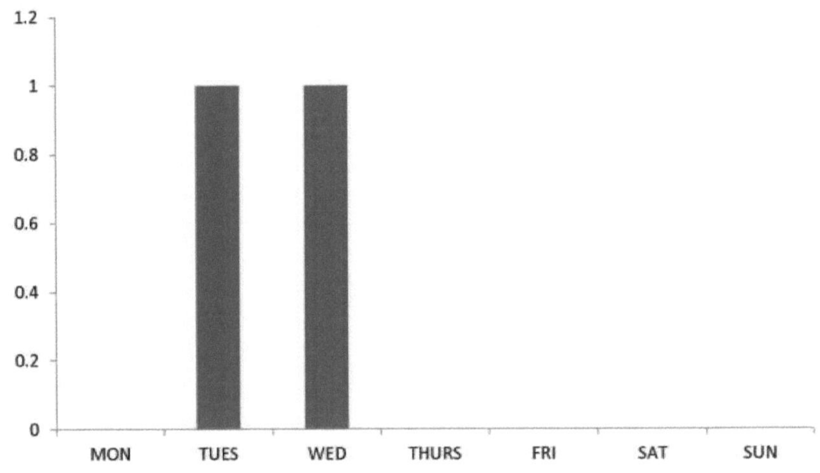

Fig 3.3 REPRESENTAÇÃO GRÁFICA DO COLAPSO DO SISTEMA AO LONGO DA LINHA BENIN-ONITSHA-ALOAJI 330KV

Partial Collapse

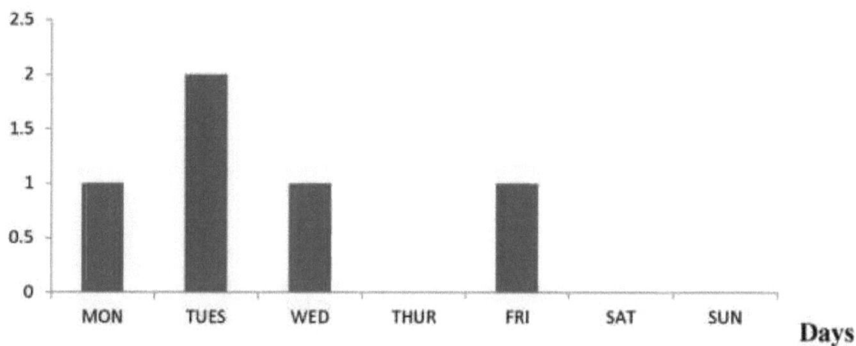

Fig 3.4 REPRESENTAÇÃO GRÁFICA DO COLAPSO DO SISTEMA AO LONGO DA LINHA BENIN-ONITSHA-ALOAJI 330KV

NÚMERO DE COLAPSOS

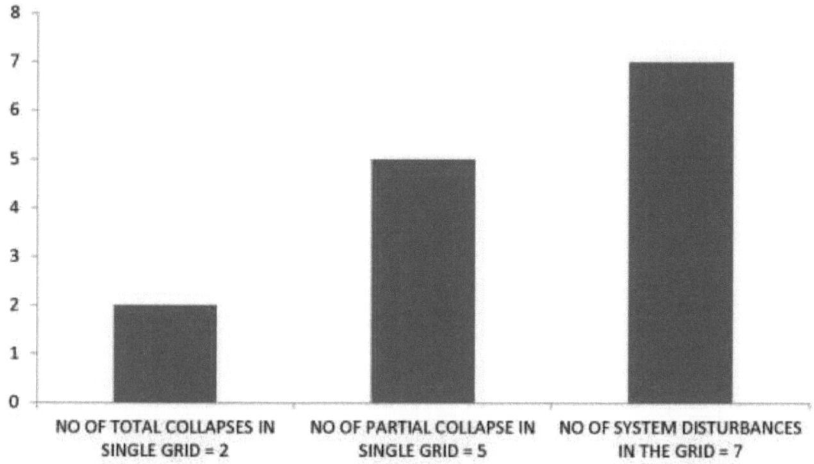

Fig 3.5 REPRESENTAÇÃO GRÁFICA DO TOTAL E PARCIAL COLAPSO AO LONGO DA GRELHA

Tabela 3.7 SÍNTESE DAS PERTURBAÇÕES DO SISTEMA DE OPERAÇÃO INTEGRADA DA REDE DE (2000-2010) (N.C.C OSHOGBO 2010)

	TOTAL		PERTURBAÇÕES CAUSADAS POR FALHAS DE PRODUÇÃO		DISTÚRBIOS CAUSADO POR TRANSIENTE FALHAS		COLAPSO PARCIAL DA GRELHA (DESTILADO)			COLAPSO TOTAL DA REDE (PERTURBAÇÃO)			PERTURBAÇÃO COM INDETERMINAÇÃO CAUSAS			
Ano	**N.º de**		**ACTUAL**	**% DE**	**ACTUAL**	**% DE**	**GEN**	**TRANSIÇÃO T**		**GEN**	**TRANSIÇÃO T**		**TOTAL**	**PARCIAL**		**%**
JAN TO DEC	DISTURBANCE		NÃO	TOTAL	NÃO	TOTAL	CAUSADO	CAUSADO	TOTAL	CAUSAD	CAUSADO	TOTAL	COLAPSO SE	COLAPSO	TOTAL	TOTAL
2010	42		9	21.23%	29	69.05%	2	17	19	7	12	19	4	0	4	9.52%
2009	39		8	20.51%	31	79.49%	3	17	20	5	14	19	0	0	0	0.00%
2007	27		3	11.11%	24	88.9%	1	8	9	2	16	18	0	0	0	0.00%
2006	30		8	26.67%	22	73.33%	2	8	10	6	14	20	0	0	0	0.00%
2005	36		15	41.67%	21	58.33%	4	11	15	11	10	21	0	0	0	0.00%
2004	52		20	38.46%	32	61.54%	7	23	30	13	9	22	0	0	0	0.00%
2003	53		14	26.42%	39	73.58%	9	30	39	5	9	14	0	0	0	0.00%
2002	41		19	46.34%	22	53.66%	18	14	32	1	8	9	0	0	0	0.00%
2001	19		9	47.37%	10	52.36%	1	4	5	8	6	14	0	0	0	0.00%
2000	11		2	18.18%	9	81.82%	0	6	6	2	3	5	0	0	0	0.00%

CAPÍTULO 4

4.1 FORMAS DE MELHORAR A REDE NACIONAL NIGERIANA FUNCIONAMENTO E REDUÇÃO DO COLAPSO DA TENSÃO

Foram feitos progressos apreciáveis para melhorar a fiabilidade da energia na Rede Nacional, uma vez que a incidência de grandes perturbações no sistema foi reduzida em 90 por cento em 1991 nos últimos sete anos (Ekeh 2003). Em conformidade com a política do Governo Federal de alargar a eletricidade continuará a crescer. Tendo em conta os elevados custos de construção de novas centrais de produção, é imperativo otimizar a utilização das instalações gerais existentes. A autoridade deve, por conseguinte, empenhar-se na reabilitação das centrais eléctricas, na renovação e no reforço das instalações de transmissão e distribuição.

A tónica é colocada na obtenção de um fornecimento ininterrupto de eletricidade, que é essencial para uma produção industrial e de bens eficiente e contínua. A fim de melhorar ainda mais a regulação da tensão e eliminar os colapsos, devem ser tidas em conta as seguintes recomendações. (Ekeh 2003)

- A fim de reforçar a rede nacional de transporte, deve ser acelerada a construção das linhas Jos-Markudi-New Haven, New Haven-Alaoji, Second Benin-Onitsha, Gombe-Maiduguri e Gombe-Yola 330KV. Tal permitirá melhorar a segurança do sistema, aumentar a fiabilidade e reduzir as perdas.
- Devem ser envidados esforços para melhorar as instalações do Centro Nacional de Controlo, em Oshogbo, a fim de reforçar o controlo remoto e a monitorização dos parâmetros do sistema
- Devem ser introduzidas mais subestações na rede para ajudar a reduzir as linhas longas e melhorar os perfis de tensão da rede e reduzir o congestionamento
- As políticas de controlo da tensão e da frequência da PHCN devem ser aplicadas dentro dos limites legais. Para tal, a reabilitação da transmissão e a reparação de unidades de energia defeituosas devem ser aceleradas, de modo a fornecer a reserva de rotação necessária para a estabilidade da rede nacional.
- As empresas locais e estrangeiras devem ser encorajadas a criar indústrias na Nigéria para o fabrico de equipamento, peças sobressalentes e consumíveis frequentemente utilizados para a operação e manutenção do sistema de fornecimento de eletricidade, incluindo transformadores, disjuntores e outros equipamentos de comutação. Isto aumentará consideravelmente a capacidade da Autoridade para reforçar e manter as instalações do sistema, uma vez que a importação destes equipamentos e materiais cruciais do estrangeiro demora muito tempo.
- O desenvolvimento do pessoal da Autoridade tem de ser intensificado. Isto deve envolver todas as facetas do funcionamento da Autoridade. Devem ser exploradas todas as vias abertas à PHCN para formar pessoal em países avançados que estejam dispostos a ajudar. O pessoal deve ser mantido a par das novas tecnologias através de seminários, cursos e visitas regulares. A vida útil do equipamento será reduzida quando os operadores tiverem conhecimentos limitados sobre o equipamento sob o seu controlo e supervisão.

4.2 VANDALIZAÇÃO

A questão da vandalização tornou-se um problema social no país, uma vez que enormes recursos foram canalizados para este ato insensível, que não tem solução. A situação exige as seguintes recomendações.

i. Os vândalos que já foram apanhados devem ser obrigados a enfrentar toda a fúria da lei, com uma rápida resolução desses casos. Isto deve incluir a imposição de penas adequadas, tais como a prisão perpétua, tal como estipulado no Decreto 22 de 1985 e suas alterações (Ekeh 2003).

ii. O Governo Federal deve promulgar a legislação adequada necessária para garantir que apenas empresas credíveis e de boa reputação se comprometam a vender os principais equipamentos eléctricos e a executar projectos de eletricidade.

iii. Há vários casos em que os empreiteiros incentivam os ladrões a vandalizar o equipamento dos serviços de eletricidade e a vendê-lo a eles (empreiteiros) a um preço muito baixo para reabastecimento dos serviços de eletricidade ou para utilização em contratos executivos. Embora o esforço dos governos local, estadual e federal para assegurar o desenvolvimento das nossas comunidades rurais seja altamente louvável, devem ser envidados esforços para garantir que os empreiteiros patriotas e de integridade comprovada obtenham contratos de fornecimento de energia eléctrica a estes níveis de governo. Isto para garantir que os contratos de eletricidade não sejam executados com equipamento vandalizado da PHCN.

iv. Acredita-se em alguns quadrantes que os casos de vandalização teriam sido drasticamente reduzidos se alguns serviços de eletricidade sem escrúpulos, como o pessoal da PHCN, não estivessem envolvidos. Sugere-se, por conseguinte, que qualquer funcionário da PHCN que esteja envolvido em actos de vandalização das instalações e equipamentos da Autoridade seja automaticamente despedido e sujeito ao peso total da lei.

v. Os fornecedores de material e documentos importados devem apresentar os seguintes documentos:

   a. Certificado de ensaio do fabricante no caso de transformadores e outros equipamentos. O Governo do Estado, os Conselhos de Eletrificação Rural, as administrações locais e outras organizações devem apresentar esses documentos antes de a sua rede ser ligada à rede nacional. Para qualquer material ou equipamento fabricado localmente, deve ser apresentado o certificado do fabricante local. O pessoal que não cumpra estas condições deve ser objeto de sanções disciplinares.

TABELA 4.1 ANÁLISE DO COLAPSO DO SISTEMA DA REDE AO LONGO DA LINHA BENIN - ONITSHA - ALAOJI

Ano	Número de colapsos parciais	Número de colapsos totais	Número total de todos os colapsos	Percentagem de colapso parcial	Percentagem do colapso total	Percentagem de todos os colapsos

2007	0	4	4	0.0%	14.8%	14.8%
2009	4	5	9	10.2%	12.8%	23.8%
2010	2	5	7	4.8%	11.9%	16.7%
Total	6	14	20	15.0%	39.5%	55.3%

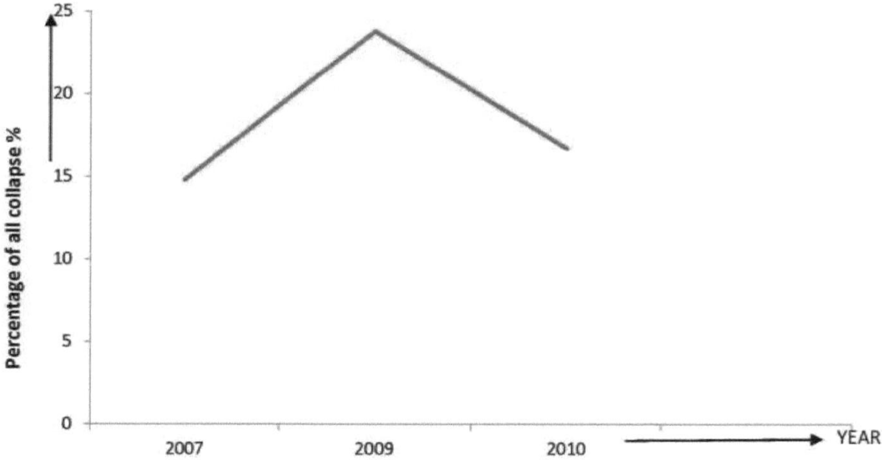

Fig 4.1 Gráfico da percentagem de todos os colapsos para 2007, 2009 e 2010

Quadro 4.2 RESUMO DA ANÁLISE DE COLAPSO DO SISTEMA PARA 20092010 PARA BENIN-ONITSHA-ALAOJI

Ano	Número de colapsos parciais	Número de colapsos totais	Percentagem de colapso parcial	Percentagem de colapso parcial	Número total de todos os colapsos	Percentagem de todos os colapsos
2009 2010	6	10	7.41%	12.34%	16	19.8%

Quadro 4.3 SÍNTESE DA ANÁLISE DO COLAPSO DO SISTEMA BENIM-ONITSHA-ALAOJI 2007, 2009, 2010

Ano	Número de colapsos parciais	Número de colapsos totais	Número total de todos os colapsos	Percentagem de colapso parcial	Percentagem do colapso total	Percentagem de todos os colapsos
2007/2009/2010	6	14	20	5.56%	12.96%	18.5%

Quadro 4.4 CARGA PERDIDA NA LINHA BENIM-ONITSHA-ALAOJI 2007

CARGA PERDIDA (MW)	1843.4	1918.3	2037.0	2723.7
HORA (HR)	0.73	0.45	1.13	4.88

Quadro 4.4.1 CARGA PERDIDA NA LINHA BENIM-ONITSHA-ALAOJI 2009

CARGA PERDIDO (MW)	1527.1	1632.80	1658.20	1874.50	2180.30	2293.40	2478.50	2498.10	2673.70
HORA (HR)	0.73	0.45	0.42	).35	.13	18	2.07	0.50	0.37

Quadro 4.4.2 CARGA PERDIDA NA LINHA BENIM-ONITSHA-ALAOJI 2010

CARREGAR PERDIDO (MW)	982.20	1083.40	1947.30	2037.10	2985.7	3016.40	3187.50
HORA (HR)	0.730.43	2.37	0.80	0.20	0.32	0.23	0.92

Quadro 4.5 INTERVALOS DE COLAPSAÇÃO PARA BENIN-ONITSHA-LINHA ALAOJI 330KV

ANO	2007	2009	2010
AVE. INTERVALO DE COLAPSO (DIA)	57	30	55

Intervalo médio de colapso

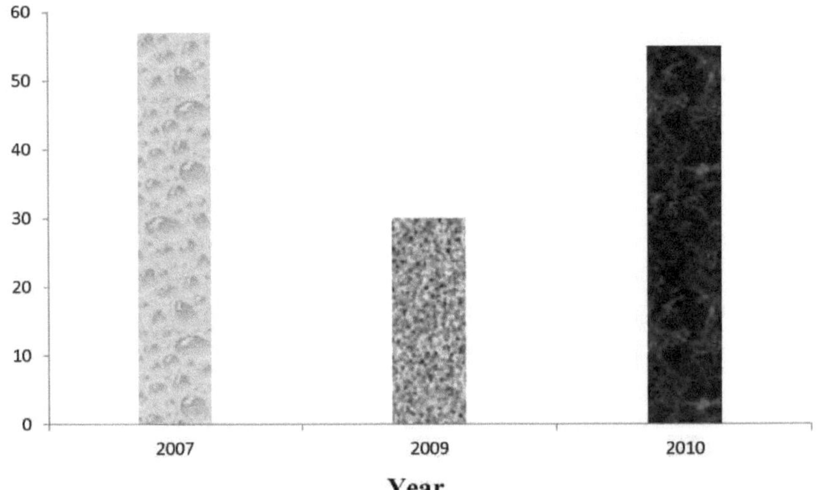

Fig 4.2 Gráfico que mostra o colapso médio para 2007, 2009 e 2010

Quadro 4.6 INTERVALO DE COLAPSO PARA BENIM-ONITSHA -ALAOJI LINHA 330KV LINHA

ANO	2009-2010
INTERVALO MÉDIO DE COLAPSO	41

Intervalo médio de colapso

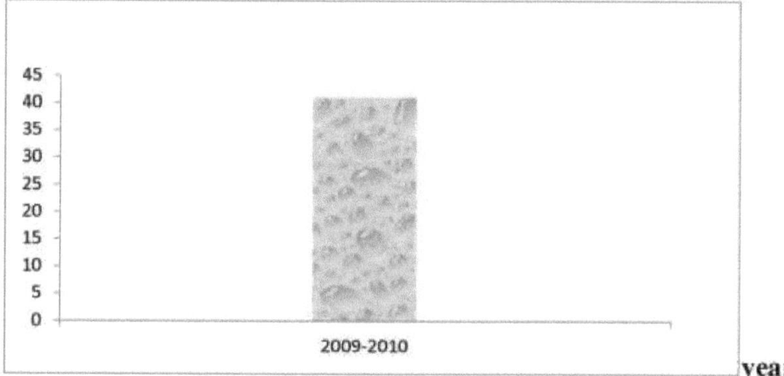

Fig 4.3 Gráfico que mostra o colapso médio de 2009-2010

4.3 ANALISAR SEQUENCIALMENTE O RESULTADO DO COLAPSO DO SISTEMA

A Tabela 4.1 mostra que o colapso do sistema ao longo da linha B1T-T4A no ano de 2007 foi de 14,8%. Este valor aumentou em 2009 para 23,8% e, em 2010, o colapso da tensão ao longo da linha foi de 16,7%. O resultado mostra que, nos anos de 2007, 2009 e 2010, houve um total de vinte colapsos ao longo da linha B1T-T4A, dos quais seis são parciais e catorze são colapsos totais. As leituras mostram ainda que, de todos os colapsos registados nestes anos, o colapso ao longo da B1T-T4A representa 55,3% do total.

Excluindo o ano de 2007 e tendo em conta os dois últimos anos de 2009 e 2010, verifica-se claramente que o colapso ocorreu ao longo de B1T-T4A dezasseis vezes e que este resultado corresponde a 40,5% do total acumulado.

De um modo geral, a tabela 4.3 revelou que para os anos de 2007, 2009 e 2010. A percentagem de colapsos de tensão em relação à totalidade dos colapsos ocorridos na rede foi de 18,5% para o ano acima referido. Destes, 5,56% corresponderam a colapsos parciais e 12,96% a colapsos totais. Devido à ausência de dados de 2009, consideraremos também a percentagem de colapso do sistema em 20092010. O resultado mostra que o colapso do sistema nos últimos dois anos ocorreu apenas ao longo de B1T-T4A. Este facto representa 24,2% de todos os colapsos, enquanto o colapso total é de 15,15% e o colapso parcial é de 9,09%, como mostra o quadro 4.2.

De referir ainda que, em 2007, temos uma média de 57 dias entre cada colapso, em 2009, observou-se que os intervalos diminuíram e, consequentemente, os colapsos aumentaram, ou seja, uma média de 30 dias entre cada colapso e, em 2010, registou-se um aumento, uma vez que a taxa de colapsos de tensão aumentou 55 dias, ou seja, 55 dias entre cada colapso.

A média de todos estes valores foi calculada para o ano 2009-2010 e observou-se que, de 1 de janeiro de 2009 a 31 de dezembro de 2010, o colapso ocorreu numa média de 41 dias.

As linhas Benin - Onitsha-Alaoji são a linha crítica que temos na nossa frágil rede, mas a análise acima mostrou que a linha Benin-Onitsha 330KV é ainda mais crítica porque regista mais colapsos do que Onitsha-Alaoji. Por exemplo, o total de colapsos registados durante o ano mostra que a linha Benin-Onitsha regista 44,3% do total de colapsos de tensão, enquanto a linha Onitsha-Alaoji regista um total de 10,2% dos colapsos .

Importa igualmente sublinhar que todos os defeitos que podem ter causado o colapso são de natureza dinâmica. Devido ao tempo que decorre entre o momento em que a linha se desliga e o momento em que essa linha acaba por ser restabelecida.

A Tabela 4.4 mostra que, no ano de 2007, 8.522,4MW de carga foram perdidos devido ao colapso do sistema, enquanto que aumentou para 18.816,6MW no ano de 2009 e, em 2010, a carga perdida ao longo de Benin-Onitsha Alaoji foi de 15.239MW.

Nos últimos dois anos, perdeu-se um total de 34 055,6 MW de carga ao longo da linha de transmissão Benin-Onitsha-Alaoji. Poder-se-ia imaginar a vantagem que essa carga teria incorporado na rede se não houvesse uma queda de tensão. Esta perda maciça de carga pode ter tirado a vida a alguém no hospital, aumentado o custo de vida, etc. Mesmo no momento em que estou a escrever este trabalho de investigação, vão continuar a ocorrer mais colapsos ao longo da B1T-T4A, pelo menos uma vez em cada quarenta e um dias, devido à fragilidade da nossa rede.

4.4 ANÁLISE DO RESULTADO DA SIMULAÇÃO

A simulação do defeito de linha simples para a terra no barramento de Benin mostra que o barramento n.º 1 produz a corrente de defeito mais elevada, com uma intensidade de 16,03A. No barramento de Onitsha, a corrente de defeito mais elevada, com uma intensidade de 11,22A, foi registada no barramento n.º 3, enquanto no barramento de Alaoji, a corrente de defeito mais elevada, com uma intensidade de 6,145A, foi registada nos barramentos 1 e 2.

O resultado da simulação para o defeito de linha dupla à terra no barramento de Benin mostra que o barramento n.º 3 produz a corrente de defeito mais baixa, de 16,83A, no barramento de Onitsha, a corrente de defeito mais elevada, de 25,84A, foi registada no barramento n.º 3, enquanto a corrente de defeito mais elevada, de 14,46A, foi registada nos barramentos n.º 1 e n.º 2 do barramento de Alaoji.

Os defeitos trifásicos à terra simulados nos barramentos 1, 2 e 3 resultaram em tensões muito baixas em todos os barramentos e fluxos de corrente muito elevados nas linhas, tendo o barramento n.º 1 o valor mais elevado de corrente de defeito, com uma magnitude de 61,71A. Este valor representa o valor mais elevado de corrente de defeito registado por qualquer um dos barramentos após a simulação.

Assim, pode concluir-se que a falta trifásica à terra simulada nos barramentos 1, 2 e 3 produz a corrente de defeito mais elevada, de magnitude 61,71A, no barramento 1, enquanto a corrente de defeito mais baixa, de magnitude 6,15A, foi registada nos barramentos 1 e 2 da falta de linha única à terra simulada nos barramentos 1, 2 e 3.

4.5 COLAPSO DO SISTEMA DE TRAVAGEM AO LONGO DE BENIN-ONITSHA- ALAOJI

Para travar o colapso do sistema ao longo da linha de transporte Benin-Onitsha-

Alaoji, devem ser tidos em consideração os seguintes pontos

a) O sistema de proteção (comutadores e relés) deve ser devidamente coordenado e controlado de modo a
   i. Em caso de curto-circuito, o disjuntor mais próximo do defeito deve abrir-se, mantendo-se todos os outros disjuntores na posição fechada.
   ii. No caso de o disjuntor mais próximo do defeito não abrir, os disjuntores adjacentes devem fornecer proteção de reserva.
   iii. O tempo de operação do relé deve ser o mais curto possível, a fim de preservar a estabilidade do sistema, sem disparos desnecessários de circuitos (Mehta e Mehta 2008).
b) A fim de aumentar a estabilidade ao longo da linha, devem ser tidos em conta os seguintes aspectos:
   i. Tornando a linha e o aparelho terminal mais rígidos
   ii. O regulador de tensão deve funcionar para uma ação rápida com uma pequena constante de tempo.
   iii. O sistema de excitação tem de ser concebido de modo a proporcionar uma regulação estreita da tensão em condições de estabilidade dinâmica.
   iv. Ao incluir mais compensadores síncronos na linha.
c) Revisão geral/manutenção adequada da linha, de modo a que todos os equipamentos, por exemplo, isoladores, disjuntores, condensadores, etc., ao longo da linha que já estão envelhecidos, sejam objeto de uma manutenção periódica adequada ou, melhor ainda, sejam totalmente substituídos.
d) A autoridade competente (PHCN) deve tentar, tanto quanto possível, reduzir o limite de capacidade de carga, ou seja, garantir que a linha não esteja sempre sobrecarregada.
e) As políticas de controlo da tensão e da frequência da PHCN devem ser aplicadas dentro dos limites legais.
f) As políticas de controlo da tensão e da frequência da PHCN devem ser aplicadas dentro dos limites legais.
g) Por último, o Governo Federal da Nigéria deve acelerar o segundo e o terceiro projectos de transmissão de energia de circuitos simples/duplos Benin-Onitsha 660KV, avaliados em cerca de 81 172 835 000 dólares (Ahamefula e James 2020). Espera-se que estes projectos melhorem a qualidade do fornecimento de energia eléctrica aos Estados de Edo, Delta, Anambra e Enugu, bem como impulsionem significativamente as actividades socioeconómicas nos Estados e nos seus arredores.

CAPÍTULO 5

5.1 LIMITAÇÕES DO PROJECTO

O progresso dos projectos do 3º projeto duplo Benin-Onitsha 141KM 330KV tem sido frustrado devido aos direitos de passagem e aos crescentes pedidos de indemnização por parte dos indivíduos e das comunidades, tornando assim ilusória a data de conclusão proposta para o projeto. A data inicial de conclusão foi fixada para setembro de 2009, mas foi posteriormente prorrogada para junho de 2011, mas até à data o projeto ainda não foi concluído. Embora 287 torres já tenham sido erguidas e o condutor da linha tenha sido estendido a cerca de 71 km, o projeto está concluído a cerca de 86%. Por outro lado, a 2ª linha de transmissão de circuito único Benin-Onitsha 330KV de 131KM, adjudicada à Dextron Engineering Limited em janeiro de 2009, com data de conclusão inicial de julho de 2010, tem agora como nova data de conclusão agosto de 2011, mas, mesmo até à data, o projeto não está nem perto de estar concluído. Não está 30% concluído, nem com a torre nem com o condutor instalados, embora afirme ter acompanhado cerca de 86% da aquisição de materiais (Ahamefula e James2010).

Após a conclusão dos referidos projectos, haverá estabilidade ao longo do B1T e do T4A e, consequentemente, o colapso do sistema será reduzido drasticamente com a coordenação eficaz dos centros de distribuição, relés, melhoria da produção e boas políticas, para mencionar apenas alguns.

Outra limitação é o facto de não ter sido possível determinar o padrão de carga da rede de interesse devido à nossa fraca capacidade de produção. É neste sentido que a PHCN utiliza o seu próprio critério para enviar carga para a rede com base na capacidade de produção desse dia, tendo em conta o facto de que algumas linhas não se destinam a transportar cargas pesadas por serem de natureza crítica. Por exemplo, a central de produção de Afam VI pode produzir mais do que a capacidade que está a fornecer atualmente, mas a produção da referida central foi reduzida pela autoridade responsável, porque a linha de transmissão ligada a esta central de produção é um circuito único e essas linhas não se destinam a suportar cargas pesadas e, se forçadas a fazê-lo, acabarão por conduzir a um colapso da tensão.

5.2 CONCLUSÃO

A instabilidade da tensão ao longo das linhas de transmissão Benin-Onitsha-Alaoji 330KV é muito elevada devido à baixa produção, como mostra a tabela 2.1, à natureza radial e frágil da linha de transmissão e a um sistema de proteção deficiente.

O reforço destas linhas através da incorporação de compensação de derivação e de linhas adicionais ajudará em grande medida a melhorar a estabilidade da tensão no sistema. Além disso, é necessário estabelecer um bom calendário de manutenção, bem como um planeamento adequado das interrupções de serviço, para garantir uma estabilidade de tensão boa e fiável na rede.

5.3 RECOMENDAÇÕES

Encontrar uma solução duradoura para o problema do colapso da tensão requer, por conseguinte, um esforço concentrado por parte dos responsáveis pela governação e dos profissionais do sector para encontrar formas de travar o colapso do sistema, para além das que são destacadas a seguir:

1. O governo federal deveria pagar a taxa de compensação às comunidades afectadas no direito de passagem ou então eles (PHCN) deveriam desviar as suas torres para onde não existem comunidades na Nigéria, a fim de acelerar a segunda e terceira linha Benin-Onitsha 330KV.
2. A nossa capacidade de produção deve ser melhorada, de modo a que a autoridade competente (PHCN) disponha de uma reserva de rotação adequada e, por conseguinte, não seja forçada a operar o sistema fora do limite de frequência legal.
3. Para o período principal, deve ser efectuada uma manutenção periódica, pelo menos uma vez em cada quarenta e um dias, a fim de evitar desmoronamentos ao longo de B1T e T4A.
4. A imposição de sanções adequadas, como a prisão perpétua, tal como estipulado no decreto 22 de 1985, alterado, a qualquer pessoa ou grupo de pessoas apanhadas a vandalizar equipamento(s) PHCN de qualquer nível.

REFERÊNCIAS

Ahamefula, O., James, E. (2010). Jornal Este Dia, 17 de novembro. Pp 17-18

Ekeh, J.C. (2003). Princípios da Energia Eléctrica. Pp 27-28, 221-222

Evbogbai, M.J.E. (2007). Sistema Elétrico de Potência, Análise, Planeamento e
Proteção. Pp 53-55, 78

Gupta, B.R (1998). Análise e projeto de sistemas de energia. Pp 407-408

Ibe, A.O., Okedu, E.K. (2009).A critical review of grid operations in Nigeria. Pp 486-488

Igbinovia, S.O., Omodamwen, S.O., (2009). Investigação do colapso de uma central eléctrica: A case study of steam/gas turbine Sapele Power Station, Oghorode, Delta State, Nigeria.Pp 5-7

Matemilola, M.A., (2006).Problemas de produção de eletricidade na Nigéria e
Soluções sugeridas.Pp 9

Mehta, V.K., Mehta, R. (2008).Principles of Power system. Pp 449

N.C.C Oshogbo, (2007). Operações de Rede de Geração e Transmissão. Pp 103-104, 106

N.C.C Oshogbo, (2009). Operações de Rede de Geração e Transmissão. Pp 18, 90, 94-96

N.C.C Oshogbo, (2010). Operações de Rede de Geração e Transmissão. Pp 5, 20-21, 23, 90-92

Onohaebi, S.O. (2007). Restrições de transmissão de energia e análise de falhas no sistema elétrico da Nigéria. 1314-1324

Onohaebi, O.S., Apeh, S.T, (2007). Instabilidade de tensão na rede eléctrica. Um estudo de caso da rede de transmissão de 330KV da Nigéria. Pp 874

Onohaebi, S.O., Odiase, F.O, (2010). Modelação empírica das perdas de potência em função das cargas e comprimentos das linhas de transmissão de 330 KV na Nigéria. Pp 47-49

Onohaebi, S.O., Omodamwen, O.S (2010). Estimativa de tensões de barramento, fluxos de linha e perdas de energia na rede de transmissão de 330KV da Nigéria. Pp 41

Oyetunji, S.A., (2011). Monitorização e diagnóstico em tempo real de avarias em sistemas de distribuição de energia eléctrica.Pp 5- 6

Saadat, H., (2006). Análise de Sistemas de Energia. Pp 460

Yalcin, M.A., Turan, M., Demir, Z. (2002).Efeitos das avarias nas linhas de transmissão
Estabilidade dinâmica da tensão. Pp 1

Printed by Books on Demand GmbH, Norderstedt / Germany